180
SUDOKU

HARD   PUZZLES

Collin   Deloach

Your mission

is to solve the puzzle by filling in the empty cells with numbers from 1 to 9 without repetition in each row, column, and sub-grid.

The goal is to use logic and deduction to find the missing numbers and complete the puzzle.

						3		2
				8		4	9	1
	1				3			
2			7	4	1	9		6
6			8	9	2			7
9		1	6	3	5			4
			4				8	
8	4	6		7				
7		9						

Without repetition in each sub-grid

Without repetition in each column

						3		2
				8		4	9	1
	1				3	5		
2						9		6
6			8		2	1		7
9		1				8		4
			4			7	8	
8	4	6		7		2		
7		9				6		

						3		2
				8		4	9	1
	1				3			
2						9		6
6			8		2			7
9		1						4
1	2	3	4	5	6	7	8	9
8	4	6		7				
7		9						

Without repetition in each row

enjoy!

Puzzles

Hard # 1

4			9				3	
5		2	4				7	6
				7		5		
	6			6		9		
			6		9			
		3					8	
		4		8				
7	8				5	1		4
	1				4			8

See the solution on page 97.

Hard # 2

		3	6					8
		9				5		7
					3		1	
			3				8	
1	8		7		4		9	6
	9				5			
	3		4					
2		1				4		
4					9	7		

See the solution on page 97.

Hard # 3

6		9					8	1
				5				4
3			4		9			
		4	5					
8		7				3		6
					7	1		
			9		1			5
5				8				
4	9					6		8

See the solution on page 97.

Hard # 4

			3					4
	4			7	9			
		9	6					5
	3	2				9		8
	1						3	
4		7				6	5	
7					8	2		
			9	3			1	
2					4			

See the solution on page 97.

Hard # 5

			4					3
	1			7			2	8
		9					1	5
	8				4	5	9	
	3	7	1				6	
8	2				6			
5	7			2			3	
1					3			

See the solution on page 97.

Hard # 6

3							6	
		2	3	4			1	
			9	1		7		
			8				2	
8	3						9	5
	1				9			
		4		9	3			
	5			7	4	6		
	7							1

See the solution on page 97.

Hard # 7

7		1						3
		6						
	2		3					7
9					5	4		
4		8	1		7	6		9
	3	4						1
2			5		7			
				4				
8						9		5

See the solution on page 98.

Hard # 8

	1					4		8
			8	6				2
	2	7						
	5		6	3				9
4							1	
2		9	4		5			
				5	6			
7		8	3					
8		4				2		

See the solution on page 98.

Hard # 9

		8		2		1		
	2							
	7	4	1			3		8
5	6				2			
		7				5		
			3				4	6
8		9			1	6	7	
							8	
		1		4		2		

See the solution on page 98.

Hard # 10

	9		3	7				6
		8				3		
			9					5
		4						2
3	7						6	1
2						7		
4					7			
		9				5		
6				5	2		4	

See the solution on page 98.

Hard # 11

2		9						
1		5		7				
		4			3	1		
4			9		7		5	
8								6
	5		1		4			3
		8	7			4		
				5		3		9
						6		8

See the solution on page 98.

Hard # 12

		8				4		
	5	4					1	
			4		7			
1	7			3				8
	9		2		8		4	
4				5			2	1
			3		5			
	6					7	3	
		1				5		

See the solution on page 98.

Hard # 13

			8	2		9		
	2			6				5
9					7	3		
		6	7					4
	9						1	
8					1	6		
		8	4					3
1				7			4	
		7		5	6			

See the solution on page 99.

Hard # 14

				6				3
		7						
	3			7			8	4
	6		3			9	5	1
		9				8		
8	7	3			9		4	
7	4			1			6	
						2		
5				3				

See the solution on page 99.

Hard # 15

	9	1		4				6
	4	5	2					
		3			9			
7	1	6			8			
			1			6	8	3
			4			2		
					1	9	5	
4				5		1	3	

See the solution on page 99.

Hard # 16

7			3					2
8		4		6		1		
							7	6
3				4	5		8	
	4		1	7				9
5	7							
		9		8		6		3
1					9			7

See the solution on page 99.

Hard # 17

			6				7	
	6	1		7				
		2						5
	8	7		2			1	6
		3				2		
5	2			4		8	3	
6						4		
				5		7	8	
	9				7			

See the solution on page 99.

Hard # 18

		2	4	1		8		5
4		6			5			
							2	
	2	9		8	7			
			3	4		7	8	
	1							
			5			3		9
9		7		3	2	4		

See the solution on page 99.

Hard # 19

		8					9	
5			6			1		
			5	3			8	
	4		8	7	5			
	8						3	
			1	3	2		7	
	6		2	1				
		2			6			4
	7					2		

See the solution on page 100.

Hard # 20

	8				4	3		7
4								
7				2	6			
	7							
1	6	5		7		4	9	3
							5	
			2	4				5
								2
5			3	9			6	

See the solution on page 100.

Hard # 21

3		9						
1		5			2			
			8			1		
	1	4		7	6			
	5			3			7	
			2	1		8	4	
		6			1			
			5			7		3
						9		5

See the solution on page 100.

Hard # 22

			8	3				
	2			1		3	5	
3	1		7					
		2					9	8
6								4
1	5					6		
					7		6	5
	7	9		6			1	
				9	5			

See the solution on page 100.

Hard # 23

		3	8					
		6	1				9	
	7	1		2				
6							2	5
		2	3		5	7		
4	1							8
				3		1	4	
	6				9	5		
					8	2		

See the solution on page 100.

Hard # 24

	8				9			
6	5	1			4			
9			5					
2		3	8			1		
4								3
		6			3	7		2
				7				1
			1			3	2	4
			2				8	

See the solution on page 100.

Hard # 25

	3		5					8
2		9	4					6
	5		9					
9							8	
6		8				7		4
	7							9
				2		6		
1					4	9		7
8					7		1	

See the solution on page 101.

Hard # 26

7				8				5
				9	6			
9	8	3				6		
		9	8					
1	4						2	3
					2	8		
		1				5	4	9
			7	1				
3				4				1

See the solution on page 101.

Hard # 27

		9		4		1		
							4	8
	8		3			5	9	
7	6			9				
			8		2			
				7			3	1
	4	5			1		8	
6	7							
		1		2		9		

See the solution on page 101.

Hard # 28

		8					3	
		3	4					2
7				1		4		8
			2	5	1			
	5						8	
			7	8	3			
3		5		7				6
1					6	8		
	9					3		

See the solution on page 101.

Hard # 29

2	4				5			
	7	5	2	8				
								2
	2	3	8					6
			1		7			
6					3	5	1	
3								
				1	2	4	8	
			6				2	3

See the solution on page 101.

Hard # 30

					9		7	
			5	4	3		1	6
9			6				3	
			8			7		4
4		3			7			
	2				5			1
1	8		3	9	4			
	6		1					

See the solution on page 101.

Hard # 31

				7		6		
		9	5	6	2		4	
2							9	
					7	8		3
			4		9			
1		3	2					
	7							6
	2		3	8	6	5		
		8		9				

See the solution on page 102.

Hard # 32

5				1			2	
		2	7					8
7	9		2			6		
		7		9				
			6		1			
				4		3		
		1			9		4	2
9					6	8		
	8			5				7

See the solution on page 102.

Hard # 33

3						1		
	9			2		8		
			1				2	
	1		9			3	8	
2			8		4			1
	8	5			2		6	
	3				6			
		1		7			5	
		2						6

See the solution on page 102.

Hard # 34

8		1	4	6				
	5			9		4		
			2					8
								1
2		4				5		6
9								
5					8			
		9		2			7	
				3	1	9		4

See the solution on page 102.

Hard # 35

				5	4	6		
		9			8	5		
			6				8	
	2			3				
3		7				1		9
				8			2	
	6				5			
		5	1				3	
		2	4	7				

See the solution on page 102.

Hard # 36

			6		1		2	5
			8					
	1	6						4
	5				8	1		
		3	4		6	9		
		9	2				3	
9						4	7	
					7			
3	8		1		4			

See the solution on page 102.

Hard # 37

		7			8			
		6	9		5			4
8	3							
	1	9		8				
	6	8				2	3	
				1		8	4	
						2	6	
7			3		6	1		
			2			4		

See the solution on page 103.

Hard # 38

			5		4			6
		3			6		2	
1		2						
					7		5	
		7	2		5	9		
	3		9					
						8		9
	1		4			6		
2			6		3			

See the solution on page 103.

Hard # 39

1	5	8	7					9
		9		5				
			6					4
				6			2	7
		5				6		
6	9			8				
3					5			
				4		5		
5					3	4	7	2

See the solution on page 103.

Hard # 40

					2	4	1	
						8		9
	4				9			
		2		7		5		1
3			8		6			7
1		7		4		3		
			1				8	
2		4						
	5	9	3					

See the solution on page 103.

Hard # 41

				1			9	
	4	9	7					
	8					6		3
			2	9		1	5	
		7				3		
	5	1		8	6			
3		5					8	
					9	5	6	
	9			2				

See the solution on page 103.

Hard # 42

				3			5	
	3		8					2
9			7	6				
		3		9	1		6	
		1				9		
	4		6	5		7		
				8	7			5
2					6		1	
	7			2				

See the solution on page 103.

Hard # 43

					5		8	1
				2				7
1	4		8	3				
7					6	2		
	8						5	
		9	3					4
				1	8		3	2
5				7				
8	7		4					

See the solution on page 104.

Hard # 44

								6
2						5		
	8			7	9			
		1	4		5	2		
4	7			2			8	3
		3	7		6	1		
			1	5			2	
		7						1
3								

See the solution on page 104.

Hard # 45

		1				8		
							9	
3		4	6		2			
5	7		2			3		
		8		4		6		
		9			7		8	5
		8			5	4		2
	4							
		3				9		

See the solution on page 104.

Hard # 46

					8			2
5	2		7		3			
		9						7
		3	8				7	
	7		4		2		5	
	5				6	1		
3						8		
			2		1		3	6
1			9					

See the solution on page 104.

Hard # 47

			5	9		1		6
		2					3	
			6	4				9
	2					6	9	
5								1
	1	3					7	
4			6	8				
	7					9		
2		6		3	5			

See the solution on page 104.

Hard # 48

		7		3	4		5	
		6	7		5		3	
								7
	4				2			
	1	2				8	7	
			6				1	
9								
	3		4		7	6		
	8		5	2		3		

See the solution on page 104.

Hard # 49

	7					5		
3		1			8	9		
			1	6				
9			2					5
	5						7	
4					3			6
			1	4				
		8	6			3		1
		3					4	

See the solution on page 105.

Hard # 50

			4		3			9
6							8	
			6		7			
	7	8	5				4	
2			9		8			5
	5				7	8	1	
		2		3				
	8							1
9			6		2			

See the solution on page 105.

Hard # 51

	1	3	7			2	6	
7				5			9	
		6						3
3				4				
		9				5		
				1				6
1						6		
	5			6				7
	6	2			8	3	1	

See the solution on page 105.

Hard # 52

				8	3			
6		1				2		
4							5	3
8			2	6	7			
		6				7		
			8	4	9			6
2	5							7
		4				3		9
			6	1				

See the solution on page 105.

Hard # 53

		7				3		5
			3		1		8	
	3				6			9
		4	8				2	
3								6
	2				9	5		
8			9				3	
	9		1		4			
7		1				9		

See the solution on page 105.

Hard # 54

		1		2		9		8
	2		5			4		
6				1			5	
3					9			
	5						1	
			2					4
	8			3				9
		3			7		2	
1		2		4		7		

See the solution on page 105.

Hard # 55

		4		3			8	
6					2			1
					9	2	3	
		7					6	3
	3						7	
5	1					9		
	9	1	6					
7			8					6
	6			2		3		

See the solution on page 106.

Hard # 56

9			7					
		8		6				
3	6			1			7	5
		3	2					8
	1						3	
2					1	4		
8	4			2			9	7
				3		2		
					6			4

See the solution on page 106.

Hard # 57

8			9	5		6		
	5					9		
		7		1				2
								4
		9	8		4	3		
1								
6				7		5		
		3					2	
		8		6	2			9

See the solution on page 106.

Hard # 58

	8	2						
	7	1	6	9				
	4				8			6
		4						9
	9			2			5	
5						3		
1			7				6	
				6	9	7	3	
							2	4

See the solution on page 106.

Hard # 59

1				6		8		
					8	2	9	
	8				3			
		4			1		7	
9	3						8	4
	1		3			9		
			5				6	
	2	5	7					
		1		4				5

See the solution on page 106.

Hard # 60

						3		8
2		3			4			
5		4			7			6
		9	3	5				
	6						3	
				4	8	5		
6			9			8		1
			1			7		4
7		1						

See the solution on page 106.

Hard # 61

	4				8			
		3	9					
		9	1	7		2		
5							7	1
1			3		5			8
6	9							2
		1		4	9	7		
					7	1		
			8				9	

See the solution on page 107.

Hard # 62

	9	7			6			
1			7					
		2	5		8		4	
9	5						8	
		8				6		
	7						5	3
	6		1		5	8		
					4			1
			6			4	3	

See the solution on page 107.

Hard # 63

		8		3	2			
			7					
	3	9				5		7
		3		6			8	
8			4		5			3
	9			7		4		
2		1				6	7	
					7			
			5	8		9		

See the solution on page 107.

Hard # 64

		4		7		2		
8			6				9	
								6
7			1		8	4		
		1				5		
		6	5		4			8
9								
	2				5			4
		5		3		9		

See the solution on page 107.

Hard # 65

			2	4				9
8						4		
		1		3				5
				5	3	7		
5	9						2	8
		6	9	2				
6				7		5		
		8						1
3				8	1			

See the solution on page 107.

Hard # 66

			5				9	
9				4				
2		8						
6	4			8	5		2	
		5	6		9	8		
	8		2	7			6	1
						7		3
				5				8
	6				3			

See the solution on page 107.

Hard # 67

3				2			9	
5			4	7				3
					5		7	6
	4					2		
2								5
		1					4	
1	8		9					
7				6	3			1
	2			5				9

See the solution on page 108.

Hard # 68

		2						
6		4			9		5	
	3				4			1
				7		6	4	8
7	8	1		6				
5			6				1	
	4		2			8		6
						9		

See the solution on page 108.

Hard # 69

								7
			1		6		8	
7	9			3	5	2		
							2	4
5		4				6		8
2	6							
		3	8	5			6	2
	7		9		1			
1								

See the solution on page 108.

Hard # 70

2		5	6	1		4		
							5	
	3		5					7
				2			3	
		8	4		6	5		
	4			8				
5					3		1	
	9							
		4		5	1	3		8

See the solution on page 108.

Hard # 71

7					1			
	3					8		
2		6			3			
			9		5	1	7	
	7			1			9	
	9	8	4		2			
			2			3		4
		9					6	
			3					7

See the solution on page 108.

Hard # 72

	3			1		8		
			6				7	
4		2		8		1		
			4				9	
9		8				6		4
	5				8			
		5		2		7		3
	2				5			
		3		4			5	

See the solution on page 108.

Hard # 73

		9			8			4
7					5			
	6				3	2		
		7					9	
5	3						2	1
	4					5		
		8	9				4	
			8					5
2			4		3			

See the solution on page 109.

Hard # 74

					1		3	
5			8			1		
		2			3		8	
							6	8
	4	8	9		7	3	1	
7	5							
	2		3			6		
		7			4			2
	6		1					

See the solution on page 109.

Hard # 75

		4					6	9
3		1	4					
					2		4	
1		8			4			
	6		5		1		3	
			2			5		1
	7		3					
					8	3		7
9	3					2		

See the solution on page 109.

Hard # 76

	2	7				4		9
								7
1		9	3		6			
	6			5	8	9		
		3	1	9			5	
			6		4	8		3
9								
4		6				1	7	

See the solution on page 109.

Hard # 77

		2		8		7		
	5		1					
							8	6
		1			5		7	8
9	3						6	4
7	8		6			3		
5	4							
					7		1	
		7		3		5		

See the solution on page 109.

Hard # 78

								8
			9			6		
			7	6	1			5
		2	1				8	
	4	6	3		9	7	2	
	5				7	3		
2		3	4	1				
		7			3			
9								

See the solution on page 109.

Hard # 79

			3		2			
	5				6			3
9		8	4					
	1		2				5	
6			8		3			4
	7				4		2	
					7	1		5
5			1				6	
		7		9				

See the solution on page 110.

Hard # 80

	8	2	7					
			2		4			1
							8	5
6		9	8		2			
	5						9	
			5		9	6		3
2	4							
3			9		8			
					3	4	1	

See the solution on page 110.

Hard # 81

8			1	4	3			
					6	1		
6					9			
	6	3	4				5	
9								6
	1				5	3	8	
			9					2
		9	6					
			7	3	1			5

See the solution on page 110.

Hard # 82

				6			3	9
			1		9	8		
3	7					6		
	2	1	3	8				
				5	2	4	8	
		2					6	7
		3	5		4			
1	9			2				

See the solution on page 110.

Hard # 83

	6		5	8		1		
					2	5		
				4			6	3
5					3		9	4
9	7		8					2
6	9			7				
		5	4					
		3		2	6		1	

See the solution on page 110.

Hard # 84

5	1		4	8				
7				5	3			
			7			5		
						8		4
	2			1			3	
4		9						
		5			2			
			1	6				8
				3	5		7	9

See the solution on page 110.

Hard # 85

	1	6			9			5
		9	8					
4					6			
1	8				2		4	
		4				1		
	9		7				2	8
			6					7
					5	2		
2			4			6	3	

See the solution on page 111.

Hard # 86

4					9	2		
7			3		6		4	
							1	
				6			8	
8	5	6				4	3	7
	9			3				
	2							
	4		8		3			1
		9	1					5

See the solution on page 111.

Hard # 87

			1					2
9	1	3				5		
	4		6					
4				5			1	
	5	1				7	2	
	9			3				4
					2		6	
		2				4	8	7
7					8			

See the solution on page 111.

Hard # 88

3		7	6	9				8
5			2		8	3		
		3		8			9	
		4				7		
	1			7		2		
		1	7		6			5
2				5	3	6		4

See the solution on page 111.

Hard # 89

	7		5		6			
	3				1		6	8
2				4		7		
								5
5	8						4	3
9								
		2		6				1
1	6		3				8	
			1		9		2	

See the solution on page 111.

Hard # 90

	6		3				1	
			1			5	3	
		8			4			
	2			6				8
	4	9				1	2	
3				9			4	
			6			4		
	1	2			3			
	9				7		8	

See the solution on page 111.

Hard # 91

	4	3			5			
		7	1					3
	6		2		9			
		6	9				8	2
8	9				1	5		
			7		8		3	
5					3	9		
			5			1	7	

See the solution on page 112.

Hard # 92

				2				9
	5	8	3				1	
9	7							
4		6	7		1			
	9						7	
			4		9	8		2
							3	6
	8				6	2	4	
5				7				

See the solution on page 112.

Hard # 93

5	6				9	7		3
			6					5
4			8					
	9			8				
	1	4				9	7	
				6			8	
					6			7
7					3			
9		6	7				1	4

See the solution on page 112.

Hard # 94

					8		4	
							3	6
3			2		7	5		
				7	3		1	5
		4				2		
6	5		1	9				
		2	6		1			9
5	3							
	8		7					

See the solution on page 112.

Hard # 95

						1	8	
1	6		5					9
	5		2	1	7			
		7	1					
			3		6			
					4	3		
		6	2	4			3	
5					7		4	6
	9	2						

See the solution on page 112.

Hard # 96

	2			3			9	
	4	6	8					
		1			5			
		7		2				5
5								3
8				1		2		
			9			6		
					3	1	2	
	9			4			7	

See the solution on page 112.

Hard # 97

	2	8					9	
					9			
	9	6	1					
	3			1		2		
9		1		2		8		5
		7		3			1	
					5	7	8	
			6					
	8					3	4	

See the solution on page 113.

Hard # 98

			6	3				
		7		9			4	2
		1				8		7
					5			8
2	3						5	4
1			3					
8		4				9		
6	9			8		2		
				1	6			

See the solution on page 113.

Hard # 99

		9			8	4		
				2	1			
5	3	8						
						9	7	
	2		3	4	7		5	
	7	1						
						7	8	3
			8	9				
		5	4			6		

See the solution on page 113.

Hard # 100

		2	3					
6		9		8				2
	1		2			9		
7					2		1	
		6				7		
	8		1					4
		4			5		8	
3				4		2		6
					6	4		

See the solution on page 113.

Hard # 101

4	3			6			2	
			8		2		6	
	9							
5						6	8	
		6	5		3	7		
	7	1						2
							7	
	2		4		5			
	6			3			9	8

See the solution on page 113.

Hard # 102

			5				7	
	8	2	7				4	
		3			8	5		2
							2	
		7		9		3		
	6							
3		5	8			7		
	2				7	1	9	
	4				1			

See the solution on page 113.

Hard # 103

				7	6			
1			9				4	
		4				5	3	
3			5					
	7	8				9	2	
					9			4
	8	2				6		
	1				5			2
			6	1				

See the solution on page 114.

Hard # 104

		4		8				5
5			4					
1		8			7			
	3	5		9			1	
		6				7		
	1			2		3	5	
			9			2		8
					8			3
7				5		4		

See the solution on page 114.

Hard # 105

			1	5			7	
		1				5	6	4
					8			
				1		6		2
	4		3		5		8	
6		5		2				
			7					
2	7	6				4		
	3			8	1			

See the solution on page 114.

Hard # 106

	4			8				5
			2		6	9		
3							2	8
	1							
		7	5	4	9	8		
							7	
1	2							9
		8	3		1			
9				5			1	

See the solution on page 114.

Hard # 107

					7	3	2	
3				9				5
			2			9		
4				5			7	
6	1						5	4
	3			6				2
		6			1			
5				7				1
	8	9	6					

See the solution on page 114.

Hard # 108

					2	5		
	6		1			3		9
			3	6			1	
7	4						6	3
6	3						2	7
	8			5	1			
3		1			4		9	
		9	7					

See the solution on page 114.

Hard # 109

			4	6	5			8
						7		
8			9				2	
2		9			8			
3		5				2		7
			3			1		4
	9				7			1
		7						
5			8	3	9			

See the solution on page 115.

Hard # 110

			4					8
1	4							
		3	1			6	2	
	5		3		9			
6				8				1
			7		1		9	
	1	5			6	4		
							1	7
8					2			

See the solution on page 115.

Hard # 111

					5			7
	2	6				1	8	
	9		2		4			
	6				2		1	
8								3
	3		7				2	
			9		3		6	
	4	9				5	3	
6			1					

See the solution on page 115.

Hard # 112

				5	7		6	
9			1					
7	2				8			
			6			8		3
	9			2			1	
6		4			9			
			7				3	5
					2			9
	1		9	8				

See the solution on page 115.

Hard # 113

	4	2					7	9
		7	1		5			
				2				
2	1							
	6	4				9	5	
							1	8
				8				
			9		1	3		
9	3						2	4

See the solution on page 115.

Hard # 114

2			7				9	4
3	8				6	5		
				2				8
				8	1		5	
	7		9	5				
8				7				
		7	6				4	3
6	4				3			2

See the solution on page 115.

Hard # 115

		5			8	7	1	
	5				3	2		
6				9				
	1	5			9			
4								8
			2			9	5	
				4				6
	7	3					2	
	3	6	9		1			

See the solution on page 116.

Hard # 116

		2				3		6
	9		2					
	6				7		8	
7				4				1
			6	1	5			
9				3				4
	7		9				4	
					8		5	
2		1				7		

See the solution on page 116.

Hard # 117

		9				1		
	1			5			4	
		8		4		2	9	
			1		6			
	6			9			5	
			7		5			
	8	5		3		9		
	7			1			3	
		2				6		

See the solution on page 116.

Hard # 118

	1	8			3		2	
					6	9		
					9		7	
		6		4	2			5
		5				7		
3			9	5		1		
	2		7					
		1	6					
	3		8			5	4	

See the solution on page 116.

Hard # 119

		1			8	5		9
5							1	
6	7		5					
2	1				5			
			7		1			
			3				9	6
					2		6	5
	9							3
8		5	9			7		

See the solution on page 116.

Hard # 120

	8		5	9	3			
			2				9	1
					1			5
		1				9	8	6
3	7	6				5		
8			1					
2	3				4			
			6	3	2		7	

See the solution on page 116.

Hard # 121

1				3			7	
2				4	5			
			1				2	
3			8				4	5
	9						8	
4	8				9			3
	7			3				
		5	9					7
	4		2					6

See the solution on page 117.

Hard # 122

	3				9	7		
	2				4			
6	1	4			8			
		6			2		1	
2								5
	9		5			8		
			8			2	3	6
			9				8	
		3	1				7	

See the solution on page 117.

Hard # 123

		4			5		7	
		1	7		4	6		
			6					
8			5				2	
	1	7				8	6	
	9				2			3
					1			
		9	2		7	3		
	2		3			9		

See the solution on page 117.

Hard # 124

				6			4	
	2		7			6		8
					1	3		
	7		6				9	
9			8		2			4
	5				9		2	
		9	4					
2		1			7		8	
	8			5				

See the solution on page 117.

Hard # 125

5			2					
4			8				2	
				1	4			7
	2	4	5					3
		3				8		
8					1	4	6	
9			3	6				
	7				2			1
					8			4

See the solution on page 117.

Hard # 126

					6		2	
9	2						3	
		5	4				1	
7				3	2	5		
				6				
		2	5	1				8
	8				3	9		
	3						5	4
	9		2					

See the solution on page 117.

Hard # 127

		6	2	9	3			
						1	7	
8		4				6		
	6	1	3			8		
		3			6	9	2	
		8				3		5
	4	2						
			5	1	4	2		

See the solution on page 118.

Hard # 128

	6			3		4		8
	4			7			9	
		2						3
					9			5
8		4				7		1
6			8					
1					2			
	3			1			5	
7		6		5			8	

See the solution on page 118.

Hard # 129

8							1	
				2	7	3		6
	2				9	5		
	9		6	4				
			9		1			
				5	2		3	
		9	7				4	
5		1	4	3				
	4							3

See the solution on page 118.

Hard # 130

		5						
	1		3	8	9			5
			1		7		3	
							1	4
	8	4				2	9	
1	6							
	3		8		5			
4			2	6	1		8	
					7			

See the solution on page 118.

Hard # 131

			1				8	3
	8						5	
					9			2
		7				8	6	
2			7	4	8			5
	4	9				7		
1			3					
	9						7	
4	2				5			

See the solution on page 118.

Hard # 132

			9	6				4
5	7						8	9
					7	1	6	
	3		6	2	1		9	
	9	1	8					
8	6						1	5
1				3	4			

See the solution on page 118.

Hard # 133

	5			7			4	6
2			6			7		
	7				9			
						8		3
		6		3		9		
7		8						
			4				5	
		7			5			8
5	9			2			7	

See the solution on page 119.

Hard # 134

	5				3			9
					7			
7	6			9				8
							9	4
		8	3	2	5	7		
3	7							
8				3			4	2
			5					
1			4				8	

See the solution on page 119.

Hard # 135

	6		3			9	7	
		3		7				1
			6					
4				5	3			
	1		7		9		2	
			8	4				7
					4			
9				8		2		
	2	6			7		5	

See the solution on page 119.

Hard # 136

			7	6		9	5	
						4	2	
	9							
9			1		3			4
		4	9		7	1		
8			6		5			9
							3	
	4	6						
	1	5		9	8			

See the solution on page 119.

Hard # 137

		4						8
7		3			9			
	6	2					7	
	3	4					6	
9			6		2			1
	1					7	9	
	4					1	8	
		5			6			9
1					9			

See the solution on page 119.

Hard # 138

				3	6		5	
					8			
		1				9	4	6
8						4	6	
4			8		3			9
	1	5						7
6	2	4				8		
			4					
	7		6	1				

See the solution on page 119.

Hard # 139

6						3		
5		3	6				1	
	1		5					
		4			6		9	
			3		4			
	3		2			8		
					1		3	
	5				8	1		2
		8						4

See the solution on page 120.

Hard # 140

	5		2			6	4	
1					8		9	
				1				7
			8	2				
9								2
				6	3			
6			4					
	8		5					4
	3	2			6		1	

See the solution on page 120.

Hard # 141

9			6		1	7		2
	7	4		8				
			7				9	
							2	6
		8				5		
5	9							
	1				3			
				2		8	6	
3		2	9		4			5

See the solution on page 120.

Hard # 142

	1			3				
				4			5	
	4	3	8					
	5	9	3					7
7	8						2	3
4					2	6	9	
					9	7	3	
	7			6				
				5			4	

See the solution on page 120.

Hard # 143

3						7	8	
		5			3		2	
	8	1			9			
	2				1			7
			2		5			
7			6				3	
			8			6	9	
	3		9			2		
	4	7						3

See the solution on page 120.

Hard # 144

3					7	6	9	
				9	1		7	
	1						4	
6								
	7		8		3		6	
								5
	5						2	
	3		9	4				
	9	7	5					3

See the solution on page 120.

Hard # 145

4	1		7	9				
							9	
8				3				4
5		2			1	8		
		8				9		
		1	4			2		3
7				4				1
	8							
				1	6		7	5

See the solution on page 121.

Hard # 146

	5	2	9					
				3	5	6	2	
	8		3			4		
	2	9		5		7	1	
		3			4		8	
8	7	1	6					
					1	9	3	

See the solution on page 121.

Hard # 147

	3		4	9				5
								2
		9		2				1
8	1				5			
		3				1		
			1				4	9
3				8		6		
7								
9				5	4		3	

See the solution on page 121.

Hard # 148

		6					7	5
			8	7		3		9
			3				4	
		5		1		7		
9								2
		4		3		9		
	1				8			
5		8		2	7			
4	2					5		

See the solution on page 121.

Hard # 149

6				5		4		
3			7	4			1	
			3				2	
		5				3		
			4	1	3			
		9				8		
	5				4			
	6			9	8			4
		8		2				9

See the solution on page 121.

Hard # 150

9					1			7
			2		5	9		
6			8				4	
	9	6	5					
	4						7	
					4	1	2	
	1				6			5
		3	7		2			
7			4					1

See the solution on page 121.

Hard # 151

9				5	1			
	8					1		3
		6			8			
		9	2				8	
4	1						7	9
	3				4	2		
			8			7		
3		8					1	
			9	6				2

See the solution on page 122.

Hard # 152

		4			7			
		3			2	6		5
			6				1	
4			3				5	
6			7		4			2
	9				8			6
	7				3			
5		9	4			8		
			1			2		

See the solution on page 122.

Hard # 153

					5			3
					7	8	6	
	2				9			5
3		9			6	4		2
6		8	4			5		1
8			6				1	
	6	4	5					
7			9					

See the solution on page 122.

Hard # 154

	7		8			4		
	8		7				1	9
5				1				
7					6			
	5	1				6	9	
			4					5
				9				3
9	6				3		8	
		3			2		7	

See the solution on page 122.

Hard # 155

8	6		7					
					4	8		
			5		9	7	1	
	2	6						3
			3		8			
3						5	2	
	9	7	1		3			
		1	9					
					2		9	1

See the solution on page 122.

Hard # 156

					4	7	1	8
				8			9	
		2	6					
						1	2	
	1		5		2		8	
	6	5						
					6	9		
	3			7				
9	8	1	3					

See the solution on page 122.

Hard # 157

1	6	7						
			4			5		
2				3			6	
			5			3		
	1		6		7		2	
		9			8			
	5			2				3
		2			3			
						2	1	4

See the solution on page 123.

Hard # 158

		4				7	5	
			2		8		6	
	3			9				
		8	7		5		1	
1								7
	7		8		2	5		
				5			7	
	4		6		1			
	2	1				4		

See the solution on page 123.

Hard # 159

8	1			6				
3					7			
5								
		8			6			4
4	3		5		2		7	1
2			9			5		
								3
			8					6
				1			4	5

See the solution on page 123.

Hard # 160

7		1			2			
	4			1				
			5		7		4	
		5		6				2
1	2						5	4
9				5		3		
	7		9		3			
				8			6	
			1			4		8

See the solution on page 123.

Hard # 161

		7	3	2			1	
3			4			9	8	
4						2		
							7	
8		2				1		4
	3							
		4						9
	9	1			5			6
	5			9	6	8		

See the solution on page 123.

Hard # 162

2								
			5	3			8	6
				2	4	9		
							9	4
	8		6		5		1	
1	5							
		7	2	4				
6	3			8	9			
								3

See the solution on page 123.

Hard # 163

6		3						
4			5	7				3
		7			3		2	
					7	9	1	
			1		2			
	1	5	6					
	8		7			1		
1				2	4			6
						7		4

See the solution on page 124.

Hard # 164

8			1	4		3		9
7				8				
					5		6	
1	3							
	8	6				1	2	
							5	6
	2		4					
				9				1
9		4		2	1			5

See the solution on page 124.

Hard # 165

	9		8				5	6
	6		2					
4								9
		1	4		9			
	7		5		1		4	
			6		2	8		
5								1
					8		3	
1	4				5		6	

See the solution on page 124.

Hard # 166

9			5					
2	4		7		8			3
6				3				
	2						3	
			4		1			
	6						2	
				9				5
8			6		2		4	9
					7			1

See the solution on page 124.

Hard # 167

	1		6					
8	3			1		4		
9	4		5					
5			9					6
				5				
4					1			9
					2		9	1
		9		4			6	7
					8		3	

See the solution on page 124.

Hard # 168

	7				2			
		8	5		9			7
9			4					
	9			3		5		8
	4						3	
8		1		6			4	
					3			4
6			2		7	1		
			1				9	

See the solution on page 124.

Hard # 169

					6	1		3
		7		8				
3		6						5
			6			7		
	4		7		3		8	
		8			4			
9						5		6
				1		3		
8		3	5					

See the solution on page 125.

Hard # 170

					7	1	6	
		8			6		4	
		6	5				8	
	4			5				
	1		3		9		2	
				7			5	
	6				5	9		
	7		9			4		
	5	3	7					

See the solution on page 125.

Hard # 171

1		8			3			
				5				
9	3	2		8		7		
	9				1			
4		5				8		1
			8				4	
		1		9		4	6	2
				7				
			6			9		8

See the solution on page 125.

Hard # 172

	5			1				
					8		7	9
	7				5	4		
5			8			7	1	
	9	3			1			5
		7	3				8	
3	1		6					
				2			6	

See the solution on page 125.

Hard # 173

						1		
	6		8					
	9	4			2		3	6
		3		7		9		5
			1		9			
6		9		3		2		
2	3		6			8	7	
					7		1	
		1						

See the solution on page 125.

Hard # 174

	6	4			2		8	
			9		7		2	
		5						1
3				1				
	1		2		4		9	
				7				6
4						6		
	8		4		1			
	2		7			8	4	

See the solution on page 125.

Hard # 175

2		8						7
			6			8	1	
	5	3						
			4		5	7		
	8		9		7		2	
		5	8		6			
						1	6	
	6	1			9			
3						9		4

See the solution on page 126.

Hard # 176

7		1			3		2	
5		2			1	8		
			2					
	2			7				
	9		8		4		7	
				1			6	
			3					
		8	2			5		9
	7		5			1		6

See the solution on page 126.

Hard # 177

	3				1	5		7
		9			7			
6			5				3	
	6		1					5
	5						9	
8					6		1	
	1				5			3
			2			6		
2		5	3				8	

See the solution on page 126.

Hard # 178

		7			9			
			3		4	5		
	2			7				8
	5	1					4	
4								9
	3					6	1	
1				8			7	
		2	9		7			
			5			3		

See the solution on page 126.

Hard # 179

				1	6	9		
	7							
8		2				3		
	1	8		5	3		7	
	3						5	
	2		6	4		8	3	
		5				2		1
							6	
		1	7	8				

See the solution on page 126.

Hard # 180

	3						8	2
			3	8	1			
1	4				7			
	6	1				4		
			7		2			
		9				5	2	
			4				3	5
			2	7	5			
6	2						7	

See the solution on page 126.

Solution

Solution# 1

4	7	8	9	5	6	2	3	1
5	9	2	4	1	3	8	7	6
1	3	6	8	7	2	5	4	9
2	6	1	7	4	8	9	5	3
8	5	7	6	3	9	4	1	2
9	4	3	5	2	1	6	8	7
6	2	4	1	8	7	3	9	5
7	8	9	3	6	5	1	2	4
3	1	5	2	9	4	7	6	8

Solution# 2

5	2	3	6	7	1	9	4	8
6	1	9	2	4	8	5	3	7
8	7	4	9	5	3	6	1	2
7	4	2	3	9	6	1	8	5
1	8	5	7	2	4	3	9	6
3	9	6	1	8	5	2	7	4
9	3	7	4	6	2	8	5	1
2	5	1	8	3	7	4	6	9
4	6	8	5	1	9	7	2	3

Solution# 3

6	4	9	7	2	3	5	8	1
2	7	1	6	5	8	9	3	4
3	8	5	4	1	9	2	6	7
1	2	4	5	3	6	8	7	9
8	5	7	1	9	2	3	4	6
9	6	3	8	4	7	1	5	2
7	3	8	9	6	1	4	2	5
5	1	6	2	8	4	7	9	3
4	9	2	3	7	5	6	1	8

Solution# 4

6	7	8	3	2	5	1	9	4
1	4	5	8	7	9	3	2	6
3	2	9	6	4	1	7	8	5
5	3	2	4	1	6	9	7	8
9	1	6	5	8	7	4	3	2
4	8	7	2	9	3	6	5	1
7	5	3	1	6	8	2	4	9
8	6	4	9	3	2	5	1	7
2	9	1	7	5	4	8	6	3

Solution# 5

6	5	2	4	8	1	9	7	3
3	1	9	6	7	5	4	2	8
7	4	8	9	3	2	6	1	5
2	8	1	3	6	4	5	9	7
4	6	5	2	9	7	3	8	1
9	3	7	1	5	8	2	6	4
8	2	3	5	1	6	7	4	9
5	7	4	8	2	9	1	3	6
1	9	6	7	4	3	8	5	2

Solution# 6

3	9	1	7	8	5	2	6	4
7	8	2	3	4	6	5	1	9
4	6	5	9	1	2	7	8	3
5	4	9	8	3	7	1	2	6
8	3	7	2	6	1	4	9	5
2	1	6	4	5	9	3	7	8
1	2	4	6	9	3	8	5	7
9	5	8	1	7	4	6	3	2
6	7	3	5	2	8	9	4	1

Solution# 7

7	6	1	5	4	2	8	9	3
3	8	9	6	7	1	2	5	4
5	4	2	8	3	9	1	6	7
9	1	7	3	6	5	4	8	2
4	5	8	1	2	7	6	3	9
6	2	3	4	9	8	5	7	1
2	3	4	9	5	6	7	1	8
1	9	5	7	8	4	3	2	6
8	7	6	2	1	3	9	4	5

Solution# 8

5	1	7	3	2	9	4	6	8
4	3	9	1	8	6	7	5	2
6	8	2	7	5	4	9	3	1
1	7	5	2	6	3	8	4	9
9	4	3	5	7	8	2	1	6
2	6	8	9	4	1	5	7	3
3	2	1	4	9	5	6	8	7
7	5	6	8	3	2	1	9	4
8	9	4	6	1	7	3	2	5

Solution# 9

3	9	8	6	2	4	1	5	7
1	2	5	7	8	3	9	6	4
6	7	4	1	5	9	3	2	8
5	6	3	4	7	2	8	1	9
4	1	7	9	6	8	5	3	2
9	8	2	3	1	5	7	4	6
8	4	9	2	3	1	6	7	5
2	3	6	5	9	7	4	8	1
7	5	1	8	4	6	2	9	3

Solution# 10

5	9	2	3	7	4	1	8	6
7	6	8	5	2	1	3	9	4
1	4	3	9	6	8	2	7	5
9	1	4	7	3	6	8	5	2
3	7	5	2	8	9	4	6	1
2	8	6	4	1	5	7	3	9
4	5	1	8	9	7	6	2	3
8	2	9	6	4	3	5	1	7
6	3	7	1	5	2	9	4	8

Solution# 11

2	7	9	6	1	8	5	3	4
1	3	5	4	7	9	8	6	2
6	8	4	5	2	3	1	9	7
4	6	3	9	8	7	2	5	1
8	1	7	2	3	5	9	4	6
9	5	2	1	6	4	7	8	3
3	2	8	7	9	6	4	1	5
7	4	6	8	5	1	3	2	9
5	9	1	3	4	2	6	7	8

Solution# 12

6	2	8	5	9	1	4	7	3
7	5	4	8	6	3	2	1	9
3	1	9	4	2	7	8	6	5
1	7	2	9	3	4	6	5	8
5	9	6	2	1	8	3	4	7
4	8	3	7	5	6	9	2	1
2	4	7	3	8	5	1	9	6
8	6	5	1	4	9	7	3	2
9	3	1	6	7	2	5	8	4

Solution# 13

6	4	3	8	2	5	9	7	1
7	2	1	9	6	3	4	8	5
9	8	5	1	4	7	3	6	2
5	1	6	7	9	2	8	3	4
3	9	2	6	8	4	5	1	7
8	7	4	5	3	1	6	2	9
2	6	8	4	1	9	7	5	3
1	5	9	3	7	8	2	4	6
4	3	7	2	5	6	1	9	8

Solution# 14

4	2	5	8	6	1	7	9	3
9	8	7	5	4	3	1	2	6
6	3	1	9	7	2	5	8	4
2	6	4	3	8	7	9	5	1
1	5	9	6	2	4	8	3	7
8	7	3	1	5	9	6	4	2
7	4	8	2	1	5	3	6	9
3	1	6	4	9	8	2	7	5
5	9	2	7	3	6	4	1	8

Solution# 15

2	9	1	3	4	5	8	7	6
8	4	5	2	7	6	3	9	1
6	7	3	8	1	9	5	4	2
7	1	6	5	3	8	4	2	9
9	3	8	6	2	4	7	1	5
5	2	4	1	9	7	6	8	3
1	5	9	4	8	3	2	6	7
3	8	2	7	6	1	9	5	4
4	6	7	9	5	2	1	3	8

Solution# 16

7	6	5	3	9	1	8	4	2
8	3	4	7	6	2	1	9	5
9	1	2	8	5	4	3	7	6
3	9	7	6	4	5	2	8	1
6	5	1	9	2	8	7	3	4
2	4	8	1	7	3	5	6	9
5	7	3	4	1	6	9	2	8
4	2	9	5	8	7	6	1	3
1	8	6	2	3	9	4	5	7

Solution# 17

8	5	9	6	3	2	1	7	4
3	6	1	5	7	4	9	2	8
7	4	2	1	9	8	3	6	5
4	8	7	3	2	9	5	1	6
9	1	3	8	6	5	2	4	7
5	2	6	7	4	1	8	3	9
6	7	5	2	8	3	4	9	1
1	3	4	9	5	6	7	8	2
2	9	8	4	1	7	6	5	3

Solution# 18

7	9	2	4	1	3	8	6	5
4	8	6	9	2	5	1	3	7
1	3	5	7	6	8	9	2	4
3	2	9	6	8	7	5	4	1
8	7	4	2	5	1	6	9	3
6	5	1	3	4	9	7	8	2
5	1	3	8	9	4	2	7	6
2	4	8	5	7	6	3	1	9
9	6	7	1	3	2	4	5	8

Solution# 19

6	2	8	7	4	1	3	9	5
5	9	3	6	2	8	1	4	7
7	1	4	9	5	3	6	8	2
3	4	1	8	7	5	9	2	6
2	8	7	4	6	9	5	3	1
9	5	6	1	3	2	4	7	8
4	6	9	2	1	7	8	5	3
8	3	2	5	9	6	7	1	4
1	7	5	3	8	4	2	6	9

Solution# 20

2	8	6	5	9	4	3	1	7
4	5	1	7	8	3	6	2	9
7	3	9	1	2	6	5	4	8
3	7	4	6	5	9	2	8	1
1	6	5	8	7	2	4	9	3
8	9	2	4	3	1	7	5	6
6	1	7	2	4	8	9	3	5
9	4	8	3	6	5	1	7	2
5	2	3	9	1	7	8	6	4

Solution# 21

3	6	9	1	4	7	5	2	8
1	8	5	3	6	2	4	9	7
4	2	7	8	5	9	1	3	6
8	1	4	9	7	6	3	5	2
9	5	2	4	3	8	6	7	1
6	7	3	2	1	5	8	4	9
5	3	6	7	9	1	2	8	4
2	9	1	5	8	4	7	6	3
7	4	8	6	2	3	9	1	5

Solution# 22

9	4	5	8	3	6	2	7	1
8	2	7	9	1	4	3	5	6
3	1	6	7	5	2	8	4	9
7	3	2	6	4	1	5	9	8
6	9	8	5	7	3	1	2	4
1	5	4	2	8	9	6	3	7
4	8	3	1	2	7	9	6	5
5	7	9	3	6	8	4	1	2
2	6	1	4	9	5	7	8	3

Solution# 23

5	4	3	8	9	7	6	1	2
2	8	6	1	5	4	3	9	7
9	7	1	6	2	3	8	5	4
6	3	7	9	8	1	4	2	5
8	9	2	3	4	5	7	6	1
4	1	5	7	6	2	9	3	8
7	2	8	5	3	6	1	4	9
1	6	4	2	7	9	5	8	3
3	5	9	4	1	8	2	7	6

Solution# 24

7	8	4	3	2	9	5	1	6
6	5	1	7	8	4	2	3	9
9	3	2	6	5	1	4	7	8
2	9	3	8	6	7	1	4	5
4	7	5	9	1	2	8	6	3
8	1	6	5	4	3	7	9	2
3	2	8	4	7	6	9	5	1
5	6	7	1	9	8	3	2	4
1	4	9	2	3	5	6	8	7

Solution# 25

4	3	1	5	7	6	2	9	8
2	8	9	4	1	3	5	7	6
7	5	6	9	2	8	1	4	3
9	2	3	7	4	5	6	8	1
6	1	8	2	3	9	7	5	4
5	7	4	6	8	1	3	2	9
3	4	7	1	9	2	8	6	5
1	6	2	8	5	4	9	3	7
8	9	5	3	6	7	4	1	2

Solution# 26

7	6	4	2	8	1	9	3	5
5	1	2	3	9	6	4	8	7
9	8	3	4	5	7	6	1	2
2	3	9	8	7	4	1	5	6
1	4	8	9	6	5	7	2	3
6	5	7	1	3	2	8	9	4
8	7	1	6	2	3	5	4	9
4	2	5	7	1	9	3	6	8
3	9	6	5	4	8	2	7	1

Solution# 27

5	2	9	7	4	8	1	6	3
3	1	6	2	5	9	7	4	8
4	8	7	3	1	6	5	9	2
7	6	4	1	9	3	8	2	5
1	5	3	8	6	2	4	7	9
2	9	8	5	7	4	6	3	1
9	4	5	6	3	1	2	8	7
6	7	2	9	8	5	3	1	4
8	3	1	4	2	7	9	5	6

Solution# 28

4	2	8	5	6	7	1	3	9
5	1	3	4	9	8	6	7	2
7	6	9	3	1	2	4	5	8
8	3	7	2	5	1	9	6	4
2	5	1	6	4	9	7	8	3
9	4	6	7	8	3	5	2	1
3	8	5	1	7	4	2	9	6
1	7	2	9	3	6	8	4	5
6	9	4	8	2	5	3	1	7

Solution# 29

2	4	1	7	3	5	8	6	9
9	7	5	2	8	6	3	4	1
8	3	6	4	9	1	7	5	2
1	2	3	8	5	4	9	7	6
5	9	4	1	6	7	2	3	8
6	8	7	9	2	3	5	1	4
3	1	2	5	4	8	6	9	7
7	6	9	3	1	2	4	8	5
4	5	8	6	7	9	1	2	3

Solution# 30

5	3	6	2	1	9	4	7	8
2	7	8	5	4	3	9	1	6
9	4	1	6	7	8	5	3	2
6	5	2	8	3	1	7	9	4
8	9	7	4	5	6	1	2	3
4	1	3	9	2	7	6	8	5
3	2	9	7	6	5	8	4	1
1	8	5	3	9	4	2	6	7
7	6	4	1	8	2	3	5	9

Solution# 31

5	4	1	9	7	3	6	2	8
7	8	9	5	6	2	3	4	1
2	3	6	8	4	1	7	9	5
4	9	2	6	1	7	8	5	3
8	5	7	4	3	9	1	6	2
1	6	3	2	5	8	4	7	9
3	7	5	1	2	4	9	8	6
9	2	4	3	8	6	5	1	7
6	1	8	7	9	5	2	3	4

Solution# 32

5	4	6	9	1	8	7	2	3
3	1	2	7	6	5	4	9	8
7	9	8	2	3	4	6	1	5
8	6	7	3	9	2	1	5	4
4	5	3	6	8	1	2	7	9
1	2	9	5	4	7	3	8	6
6	3	1	8	7	9	5	4	2
9	7	5	4	2	6	8	3	1
2	8	4	1	5	3	9	6	7

Solution# 33

3	2	8	6	4	9	1	7	5
1	9	6	7	2	5	8	4	3
5	4	7	1	3	8	6	2	9
6	1	4	9	5	7	3	8	2
2	7	3	8	6	4	5	9	1
9	8	5	3	1	2	4	6	7
7	3	9	5	8	6	2	1	4
4	6	1	2	7	3	9	5	8
8	5	2	4	9	1	7	3	6

Solution# 34

8	3	1	4	6	5	7	2	9
6	5	2	8	9	7	4	1	3
4	9	7	2	1	3	6	5	8
3	6	5	7	4	2	8	9	1
2	7	4	1	8	9	5	3	6
9	1	8	3	5	6	2	4	7
5	4	3	9	7	8	1	6	2
1	8	9	6	2	4	3	7	5
7	2	6	5	3	1	9	8	4

Solution# 35

2	7	8	3	5	4	6	9	1
6	4	9	7	1	8	5	3	2
5	3	1	6	2	9	7	8	4
9	2	4	5	3	1	8	7	6
3	8	7	2	4	6	1	5	9
1	5	6	9	8	7	4	2	3
4	6	3	8	9	5	2	1	7
7	9	5	1	6	2	3	4	8
8	1	2	4	7	3	9	6	5

Solution# 36

4	9	8	6	3	1	7	2	5
7	3	5	8	4	2	6	9	1
2	1	6	7	5	9	3	8	4
6	5	2	3	9	8	1	4	7
8	7	3	4	1	6	9	5	2
1	4	9	2	7	5	8	3	6
9	2	1	5	6	3	4	7	8
5	6	4	9	8	7	2	1	3
3	8	7	1	2	4	5	6	9

Solution# 37

9	4	7	1	2	8	3	6	5
1	2	6	9	3	5	7	8	4
8	3	5	7	6	4	9	1	2
2	1	9	4	8	3	6	5	7
4	6	8	5	9	7	2	3	1
5	7	3	6	1	2	8	4	9
3	9	4	8	7	1	5	2	6
7	5	2	3	4	6	1	9	8
6	8	1	2	5	9	4	7	3

Solution# 38

8	7	9	5	2	4	3	1	6
5	4	3	1	9	6	7	2	8
1	6	2	3	7	8	5	9	4
9	2	1	8	6	7	4	5	3
4	8	7	2	3	5	9	6	1
6	3	5	9	4	1	2	8	7
3	5	6	7	1	2	8	4	9
7	1	8	4	5	9	6	3	2
2	9	4	6	8	3	1	7	5

Solution# 39

1	5	8	7	3	4	2	6	9
4	6	9	1	5	2	7	8	3
2	7	3	6	9	8	1	5	4
8	3	4	5	6	1	9	2	7
7	1	5	3	2	9	6	4	8
6	9	2	4	8	7	3	1	5
3	4	1	2	7	5	8	9	6
9	2	7	8	4	6	5	3	1
5	8	6	9	1	3	4	7	2

Solution# 40

9	3	8	7	5	2	4	1	6
7	2	6	4	3	1	8	5	9
5	4	1	6	8	9	7	3	2
4	8	2	9	7	3	5	6	1
3	9	5	8	1	6	2	4	7
1	6	7	2	4	5	3	9	8
6	7	3	1	2	4	9	8	5
2	1	4	5	9	8	6	7	3
8	5	9	3	6	7	1	2	4

Solution# 41

6	7	3	8	1	2	4	9	5
5	4	9	7	6	3	8	1	2
1	8	2	9	4	5	6	7	3
8	3	4	2	9	7	1	5	6
9	6	7	4	5	1	3	2	8
2	5	1	3	8	6	9	4	7
3	1	5	6	7	4	2	8	9
7	2	8	1	3	9	5	6	4
4	9	6	5	2	8	7	3	1

Solution# 42

6	8	7	2	3	4	1	5	9
4	3	5	8	1	9	6	7	2
9	1	2	7	6	5	4	8	3
7	2	3	4	9	1	5	6	8
5	6	1	3	7	8	9	2	4
8	4	9	6	5	2	7	3	1
3	9	6	1	8	7	2	4	5
2	5	8	9	4	6	3	1	7
1	7	4	5	2	3	8	9	6

Solution# 43

9	2	7	6	4	5	3	8	1
3	6	8	9	2	1	5	4	7
1	4	5	8	3	7	6	2	9
7	5	4	1	8	6	2	9	3
2	8	3	7	9	4	1	5	6
6	1	9	3	5	2	8	7	4
4	9	6	5	1	8	7	3	2
5	3	1	2	7	9	4	6	8
8	7	2	4	6	3	9	1	5

Solution# 44

7	5	4	3	1	2	8	9	6
2	3	9	8	6	4	5	1	7
1	8	6	5	7	9	4	3	2
8	6	1	4	3	5	2	7	9
4	7	5	9	2	1	6	8	3
9	2	3	7	8	6	1	4	5
6	9	8	1	5	3	7	2	4
5	4	7	2	9	8	3	6	1
3	1	2	6	4	7	9	5	8

Solution# 45

2	9	1	7	5	4	8	3	6
7	6	5	1	8	3	2	9	4
3	8	4	6	9	2	7	5	1
5	7	6	2	1	8	3	4	9
1	3	8	5	4	9	6	2	7
4	2	9	3	6	7	1	8	5
9	1	7	8	3	5	4	6	2
8	4	2	9	7	6	5	1	3
6	5	3	4	2	1	9	7	8

Solution# 46

4	3	7	6	9	8	5	1	2
5	2	1	7	4	3	9	6	8
8	6	9	1	2	5	3	4	7
6	1	3	8	5	9	2	7	4
9	7	8	4	1	2	6	5	3
2	5	4	3	7	6	1	8	9
3	4	2	5	6	7	8	9	1
7	9	5	2	8	1	4	3	6
1	8	6	9	3	4	7	2	5

Solution# 47

3	4	7	5	9	2	1	8	6
9	6	2	8	1	7	4	3	5
1	5	8	3	6	4	7	2	9
7	2	4	1	5	3	6	9	8
5	8	9	2	7	6	3	4	1
6	1	3	9	4	8	5	7	2
4	3	1	6	8	9	2	5	7
8	7	5	4	2	1	9	6	3
2	9	6	7	3	5	8	1	4

Solution# 48

8	9	7	2	3	4	1	5	6
4	2	6	7	1	5	9	3	8
1	5	3	8	6	9	4	2	7
3	4	8	1	7	2	5	6	9
6	1	2	9	5	3	8	7	4
5	7	9	6	4	8	2	1	3
9	6	5	3	8	1	7	4	2
2	3	1	4	9	7	6	8	5
7	8	4	5	2	6	3	9	1

Solution# 49

6	7	9	4	3	2	5	1	8
3	2	1	7	5	8	9	6	4
5	8	4	1	6	9	7	3	2
9	3	6	2	7	1	4	8	5
8	5	2	9	4	6	1	7	3
4	1	7	5	8	3	2	9	6
7	6	5	3	1	4	8	2	9
2	4	8	6	9	7	3	5	1
1	9	3	8	2	5	6	4	7

Solution# 50

8	2	7	4	5	3	1	6	9
6	9	4	2	7	1	5	8	3
1	3	5	8	6	9	7	2	4
3	7	8	5	1	6	9	4	2
2	6	1	9	4	8	3	7	5
4	5	9	3	2	7	8	1	6
7	4	2	1	3	5	6	9	8
5	8	6	7	9	4	2	3	1
9	1	3	6	8	2	4	5	7

Solution# 51

5	1	3	7	8	9	2	6	4
7	2	4	3	5	6	1	9	8
8	9	6	4	2	1	7	5	3
3	8	1	6	4	5	9	7	2
6	7	9	8	3	2	5	4	1
2	4	5	9	1	7	8	3	6
1	3	7	2	9	4	6	8	5
9	5	8	1	6	3	4	2	7
4	6	2	5	7	8	3	1	9

Solution# 52

5	9	2	7	8	3	4	6	1
6	3	1	4	9	5	2	7	8
4	8	7	1	2	6	9	5	3
8	1	3	2	6	7	5	9	4
9	4	6	3	5	1	7	8	2
7	2	5	8	4	9	1	3	6
2	5	8	9	3	4	6	1	7
1	6	4	5	7	8	3	2	9
3	7	9	6	1	2	8	4	5

Solution# 53

4	1	7	2	9	8	3	6	5
5	6	9	3	7	1	2	8	4
2	3	8	5	4	6	7	1	9
9	7	4	8	6	5	1	2	3
3	8	5	7	1	2	4	9	6
1	2	6	4	3	9	5	7	8
8	4	2	9	5	7	6	3	1
6	9	3	1	2	4	8	5	7
7	5	1	6	8	3	9	4	2

Solution# 54

5	3	1	4	2	6	9	7	8
9	2	8	5	7	3	4	6	1
6	4	7	9	1	8	2	5	3
3	1	4	7	6	9	5	8	2
2	5	9	3	8	4	6	1	7
8	7	6	2	5	1	3	9	4
7	8	5	6	3	2	1	4	9
4	6	3	1	9	7	8	2	5
1	9	2	8	4	5	7	3	6

Solution# 55

9	2	4	5	3	1	6	8	7
6	7	3	4	8	2	5	9	1
1	8	5	7	6	9	2	3	4
2	4	7	9	1	5	8	6	3
8	3	9	2	4	6	1	7	5
5	1	6	3	7	8	9	4	2
3	9	1	6	5	4	7	2	8
7	5	2	8	9	3	4	1	6
4	6	8	1	2	7	3	5	9

Solution# 56

9	2	5	7	8	3	6	4	1
1	7	8	5	6	4	9	2	3
3	6	4	9	1	2	8	7	5
6	5	3	2	4	9	7	1	8
4	1	9	6	7	8	5	3	2
2	8	7	3	5	1	4	6	9
8	4	6	1	2	5	3	9	7
5	9	1	4	3	7	2	8	6
7	3	2	8	9	6	1	5	4

Solution# 57

8	2	1	9	5	3	6	4	7
4	5	6	2	8	7	9	3	1
3	9	7	4	1	6	8	5	2
2	8	5	6	3	1	7	9	4
7	6	9	8	2	4	3	1	5
1	3	4	7	9	5	2	6	8
6	4	2	1	7	9	5	8	3
9	7	3	5	4	8	1	2	6
5	1	8	3	6	2	4	7	9

Solution# 58

6	8	2	4	1	7	5	9	3
3	7	1	6	9	5	4	8	2
9	4	5	2	3	8	1	7	6
2	3	4	5	7	6	8	1	9
8	9	7	3	2	1	6	5	4
5	1	6	9	8	4	3	2	7
1	5	3	7	4	2	9	6	8
4	2	8	1	6	9	7	3	5
7	6	9	8	5	3	2	4	1

Solution# 59

1	4	9	2	6	5	8	3	7
5	6	3	4	7	8	2	9	1
2	8	7	1	9	3	5	4	6
8	5	4	9	2	1	6	7	3
9	3	2	6	5	7	1	8	4
7	1	6	3	8	4	9	5	2
4	7	8	5	1	2	3	6	9
6	2	5	7	3	9	4	1	8
3	9	1	8	4	6	7	2	5

Solution# 60

1	7	6	5	2	9	3	4	8
2	8	3	6	1	4	9	7	5
5	9	4	8	3	7	2	1	6
4	2	9	3	5	6	1	8	7
8	6	5	7	9	1	4	3	2
3	1	7	2	4	8	5	6	9
6	4	2	9	7	3	8	5	1
9	3	8	1	6	5	7	2	4
7	5	1	4	8	2	6	9	3

Solution# 61

7	4	6	2	5	8	3	1	9
2	1	3	9	6	4	8	5	7
8	5	9	1	7	3	2	4	6
5	3	8	4	2	6	9	7	1
1	2	7	3	9	5	4	6	8
6	9	4	7	8	1	5	3	2
3	8	1	6	4	9	7	2	5
9	6	2	5	3	7	1	8	4
4	7	5	8	1	2	6	9	3

Solution# 62

5	9	7	4	2	6	3	1	8
1	8	4	7	9	3	5	2	6
6	3	2	5	1	8	9	4	7
9	5	1	3	6	7	2	8	4
3	4	8	2	5	1	6	7	9
2	7	6	8	4	9	1	5	3
4	6	3	1	7	5	8	9	2
8	2	5	9	3	4	7	6	1
7	1	9	6	8	2	4	3	5

Solution# 63

7	5	8	9	3	2	1	4	6
1	2	6	7	5	4	3	9	8
4	3	9	6	1	8	5	2	7
5	4	3	2	6	1	7	8	9
8	1	7	4	9	5	2	6	3
6	9	2	8	7	3	4	5	1
2	8	1	3	4	9	6	7	5
9	6	5	1	2	7	8	3	4
3	7	4	5	8	6	9	1	2

Solution# 64

5	6	4	8	7	9	2	3	1
8	1	3	6	4	2	7	9	5
2	7	9	3	5	1	8	4	6
7	5	2	1	9	8	4	6	3
4	8	1	7	6	3	5	2	9
3	9	6	5	2	4	1	7	8
9	3	8	4	1	7	6	5	2
6	2	7	9	8	5	3	1	4
1	4	5	2	3	6	9	8	7

Solution# 65

7	3	5	2	4	6	8	1	9
8	6	2	5	1	9	4	3	7
9	4	1	8	3	7	2	6	5
2	8	4	1	5	3	7	9	6
5	9	3	7	6	4	1	2	8
1	7	6	9	2	8	3	5	4
6	1	9	4	7	2	5	8	3
4	2	8	3	9	5	6	7	1
3	5	7	6	8	1	9	4	2

Solution# 66

4	3	6	5	2	8	1	9	7
9	5	1	3	4	7	2	8	6
2	7	8	9	6	1	4	3	5
6	4	7	1	8	5	3	2	9
1	2	5	6	3	9	8	7	4
3	8	9	2	7	4	5	6	1
5	1	2	8	9	6	7	4	3
7	9	3	4	5	2	6	1	8
8	6	4	7	1	3	9	5	2

Solution# 67

3	7	8	6	2	1	5	9	4
5	1	6	4	7	9	8	2	3
4	9	2	3	8	5	1	7	6
9	4	5	7	3	6	2	1	8
2	3	7	8	1	4	9	6	5
8	6	1	5	9	2	3	4	7
1	8	3	9	4	7	6	5	2
7	5	9	2	6	3	4	8	1
6	2	4	1	5	8	7	3	9

Solution# 68

1	5	2	7	3	6	4	8	9
6	7	4	8	1	9	2	5	3
9	3	8	5	2	4	7	6	1
2	9	3	1	7	5	6	4	8
4	6	5	9	8	2	1	3	7
7	8	1	4	6	3	5	9	2
5	2	7	6	9	8	3	1	4
3	4	9	2	5	1	8	7	6
8	1	6	3	4	7	9	2	5

Solution# 69

6	3	1	2	9	8	4	5	7
4	2	5	1	7	6	9	8	3
7	9	8	4	3	5	2	1	6
3	8	7	6	1	9	5	2	4
5	1	4	7	2	3	6	9	8
2	6	9	5	8	4	7	3	1
9	4	3	8	5	7	1	6	2
8	7	2	9	6	1	3	4	5
1	5	6	3	4	2	8	7	9

Solution# 70

2	7	5	6	1	8	4	9	3
8	6	9	7	3	4	1	5	2
4	3	1	5	9	2	6	8	7
7	5	6	1	2	9	8	3	4
3	1	8	4	7	6	5	2	9
9	4	2	3	8	5	7	6	1
5	8	7	2	4	3	9	1	6
1	9	3	8	6	7	2	4	5
6	2	4	9	5	1	3	7	8

Solution# 71

7	8	4	5	9	1	6	2	3
9	3	5	7	2	6	8	4	1
2	1	6	8	4	3	7	5	9
4	6	2	9	3	5	1	7	8
5	7	3	6	1	8	4	9	2
1	9	8	4	7	2	5	3	6
8	5	7	2	6	9	3	1	4
3	4	9	1	8	7	2	6	5
6	2	1	3	5	4	9	8	7

Solution# 72

7	3	9	2	1	4	8	6	5
5	8	1	6	9	3	4	7	2
4	6	2	5	8	7	1	3	9
3	1	6	4	7	2	5	9	8
9	7	8	3	5	1	6	2	4
2	5	4	9	6	8	3	1	7
6	4	5	1	2	9	7	8	3
1	2	7	8	3	5	9	4	6
8	9	3	7	4	6	2	5	1

Solution# 73

3	2	9	6	7	8	1	5	4
7	1	4	2	9	5	8	3	6
8	6	5	1	4	3	2	7	9
1	8	7	5	2	4	6	9	3
5	3	6	7	8	9	4	2	1
9	4	2	3	1	6	5	8	7
6	5	8	9	3	1	7	4	2
4	7	3	8	6	2	9	1	5
2	9	1	4	5	7	3	6	8

Solution# 74

4	8	6	2	5	1	9	3	7
5	7	3	8	9	6	1	2	4
1	9	2	7	4	3	5	8	6
2	3	9	4	1	5	7	6	8
6	4	8	9	2	7	3	1	5
7	5	1	6	3	8	2	4	9
8	2	4	3	7	9	6	5	1
3	1	7	5	6	4	8	9	2
9	6	5	1	8	2	4	7	3

Solution# 75

5	2	4	7	1	3	8	6	9
3	8	1	4	6	9	7	2	5
6	9	7	8	5	2	1	4	3
1	5	8	9	3	4	6	7	2
2	6	9	5	7	1	4	3	8
7	4	3	2	8	6	5	9	1
8	7	6	3	2	5	9	1	4
4	1	2	6	9	8	3	5	7
9	3	5	1	4	7	2	8	6

Solution# 76

3	2	7	5	8	1	4	6	9
6	5	8	2	4	9	3	1	7
1	4	9	3	7	6	2	8	5
2	6	4	7	5	8	9	3	1
5	9	1	4	6	3	7	2	8
8	7	3	1	9	2	6	5	4
7	1	5	6	2	4	8	9	3
9	3	2	8	1	7	5	4	6
4	8	6	9	3	5	1	7	2

Solution# 77

4	1	2	9	8	6	7	3	5
8	5	6	1	7	3	4	2	9
3	7	9	5	2	4	1	8	6
6	2	1	3	4	5	9	7	8
9	3	5	7	1	8	2	6	4
7	8	4	6	9	2	3	5	1
5	4	3	2	6	1	8	9	7
2	9	8	4	5	7	6	1	3
1	6	7	8	3	9	5	4	2

Solution# 78

6	7	4	5	3	1	2	9	8
5	2	1	9	4	8	6	3	7
3	9	8	2	7	6	1	4	5
7	3	2	1	6	4	5	8	9
8	4	6	3	5	9	7	2	1
1	5	9	8	2	7	3	6	4
2	8	3	4	1	5	9	7	6
4	1	7	6	9	3	8	5	2
9	6	5	7	8	2	4	1	3

Solution# 79

7	4	6	9	3	5	2	8	1
2	5	1	7	8	6	9	4	3
9	3	8	4	2	1	5	7	6
3	1	4	2	7	9	6	5	8
6	2	9	8	5	3	7	1	4
8	7	5	6	1	4	3	2	9
4	8	2	3	6	7	1	9	5
5	9	3	1	4	2	8	6	7
1	6	7	5	9	8	4	3	2

Solution# 80

1	8	2	7	6	5	3	4	9
5	9	3	2	8	4	7	6	1
4	6	7	3	9	1	2	8	5
6	3	9	8	7	2	1	5	4
7	5	1	4	3	6	8	9	2
8	2	4	5	1	9	6	7	3
2	4	8	1	5	7	9	3	6
3	1	6	9	4	8	5	2	7
9	7	5	6	2	3	4	1	8

Solution# 81

8	9	5	1	4	3	6	2	7
3	4	7	5	2	6	1	9	8
6	2	1	8	7	9	5	3	4
2	6	3	4	9	8	7	5	1
9	5	8	3	1	7	2	4	6
7	1	4	2	6	5	3	8	9
1	3	6	9	5	4	8	7	2
5	7	9	6	8	2	4	1	3
4	8	2	7	3	1	9	6	5

Solution# 82

8	1	4	7	6	5	2	3	9
2	6	5	1	3	9	8	7	4
3	7	9	2	4	8	6	1	5
4	2	1	3	8	7	9	5	6
9	5	8	4	1	6	7	2	3
7	3	6	9	5	2	4	8	1
5	4	2	8	9	1	3	6	7
6	8	3	5	7	4	1	9	2
1	9	7	6	2	3	5	4	8

Solution# 83

3	6	2	5	8	9	1	4	7
1	4	7	3	6	2	5	8	9
8	5	9	7	4	1	2	6	3
5	2	8	6	1	3	7	9	4
4	3	6	2	9	7	8	5	1
9	7	1	8	5	4	6	3	2
6	9	4	1	7	5	3	2	8
2	1	5	4	3	8	9	7	6
7	8	3	9	2	6	4	1	5

Solution# 84

5	1	2	4	8	6	7	9	3
7	9	4	2	5	3	6	8	1
3	8	6	7	9	1	5	4	2
1	5	7	3	2	9	8	6	4
6	2	8	5	1	4	9	3	7
4	3	9	6	7	8	1	2	5
8	7	5	9	4	2	3	1	6
9	4	3	1	6	7	2	5	8
2	6	1	8	3	5	4	7	9

Solution# 85

8	1	6	2	4	9	3	7	5
5	3	9	8	7	1	4	6	2
4	7	2	3	5	6	8	1	9
1	8	5	9	6	2	7	4	3
7	2	4	5	8	3	1	9	6
6	9	3	7	1	4	5	2	8
3	4	1	6	2	8	9	5	7
9	6	7	1	3	5	2	8	4
2	5	8	4	9	7	6	3	1

Solution# 86

4	1	3	5	7	9	2	6	8
7	8	2	3	1	6	5	4	9
9	6	5	2	8	4	7	1	3
3	7	1	4	6	5	9	8	2
8	5	6	9	2	1	4	3	7
2	9	4	7	3	8	1	5	6
1	2	8	6	5	7	3	9	4
5	4	7	8	9	3	6	2	1
6	3	9	1	4	2	8	7	5

Solution# 87

6	7	5	1	9	3	8	4	2
9	1	3	8	2	4	5	7	6
2	4	8	6	7	5	9	3	1
4	2	6	9	5	7	3	1	8
3	5	1	4	8	6	7	2	9
8	9	7	2	3	1	6	5	4
5	8	9	7	4	2	1	6	3
1	3	2	5	6	9	4	8	7
7	6	4	3	1	8	2	9	5

Solution# 88

3	4	7	6	9	5	1	2	8
1	8	2	4	3	7	5	6	9
5	6	9	2	1	8	3	4	7
7	5	3	1	8	2	4	9	6
8	2	4	3	6	9	7	5	1
9	1	6	5	7	4	2	8	3
4	9	1	7	2	6	8	3	5
6	3	5	8	4	1	9	7	2
2	7	8	9	5	3	6	1	4

Solution# 89

8	7	1	5	9	6	2	3	4
4	3	9	2	7	1	5	6	8
2	5	6	8	4	3	7	1	9
6	2	3	4	8	7	1	9	5
5	8	7	9	1	2	6	4	3
9	1	4	6	3	5	8	7	2
3	9	2	7	6	8	4	5	1
1	6	5	3	2	4	9	8	7
7	4	8	1	5	9	3	2	6

Solution# 90

9	6	5	3	7	2	8	1	4
2	7	4	1	8	6	5	3	9
1	3	8	9	5	4	7	6	2
5	2	7	4	6	1	3	9	8
6	4	9	7	3	8	1	2	5
3	8	1	2	9	5	6	4	7
8	5	3	6	2	9	4	7	1
7	1	2	8	4	3	9	5	6
4	9	6	5	1	7	2	8	3

Solution# 91

9	4	3	8	7	5	2	6	1
2	5	7	1	4	6	8	9	3
1	6	8	2	3	9	7	5	4
4	1	6	9	5	7	3	8	2
7	3	5	4	8	2	6	1	9
8	9	2	3	6	1	5	4	7
6	2	1	7	9	8	4	3	5
5	7	4	6	1	3	9	2	8
3	8	9	5	2	4	1	7	6

Solution# 92

6	4	3	1	2	5	7	8	9
2	5	8	3	9	7	6	1	4
9	7	1	8	6	4	3	2	5
4	2	6	7	8	1	9	5	3
8	9	5	6	3	2	4	7	1
1	3	7	4	5	9	8	6	2
7	1	2	9	4	8	5	3	6
3	8	9	5	1	6	2	4	7
5	6	4	2	7	3	1	9	8

Solution# 93

5	6	8	2	1	9	7	4	3
1	7	9	6	3	4	8	2	5
4	2	3	8	7	5	1	6	9
6	9	7	4	8	1	5	3	2
8	1	4	3	5	2	9	7	6
2	3	5	9	6	7	4	8	1
3	8	1	5	4	6	2	9	7
7	4	2	1	9	3	6	5	8
9	5	6	7	2	8	3	1	4

Solution# 94

1	6	7	3	5	8	9	4	2
8	2	5	9	1	4	7	3	6
3	4	9	2	6	7	5	8	1
2	9	8	4	7	3	6	1	5
7	1	4	5	8	6	2	9	3
6	5	3	1	9	2	4	7	8
4	7	2	6	3	1	8	5	9
5	3	6	8	4	9	1	2	7
9	8	1	7	2	5	3	6	4

Solution# 95

2	7	4	6	3	9	1	8	5
1	6	3	5	7	8	4	2	9
8	5	9	4	2	1	7	6	3
3	8	7	1	9	2	6	5	4
9	4	1	3	5	6	8	7	2
6	2	5	7	8	4	3	9	1
7	1	6	2	4	5	9	3	8
5	3	8	9	1	7	2	4	6
4	9	2	8	6	3	5	1	7

Solution# 96

7	2	5	6	3	4	8	9	1
9	4	6	8	7	1	3	5	2
3	8	1	2	9	5	4	6	7
4	6	7	3	2	8	9	1	5
5	1	2	4	6	9	7	8	3
8	3	9	5	1	7	2	4	6
1	7	8	9	5	2	6	3	4
6	5	4	7	8	3	1	2	9
2	9	3	1	4	6	5	7	8

Solution# 97

1	2	8	3	5	7	6	9	4
7	5	4	8	6	9	1	2	3
3	9	6	1	4	2	5	7	8
8	3	5	9	1	4	2	6	7
9	4	1	7	2	6	8	3	5
2	6	7	5	3	8	4	1	9
6	1	3	4	9	5	7	8	2
4	7	2	6	8	3	9	5	1
5	8	9	2	7	1	3	4	6

Solution# 98

4	2	8	6	3	7	5	1	9
3	5	7	8	9	1	6	4	2
9	6	1	4	5	2	8	3	7
7	4	6	1	2	5	3	9	8
2	3	9	7	6	8	1	5	4
1	8	5	3	4	9	7	2	6
8	1	4	2	7	3	9	6	5
6	9	3	5	8	4	2	7	1
5	7	2	9	1	6	4	8	3

Solution# 99

2	1	9	5	3	8	4	6	7
6	4	7	9	2	1	8	3	5
5	3	8	7	6	4	2	9	1
3	5	4	1	8	6	9	7	2
9	2	6	3	4	7	1	5	8
8	7	1	2	5	9	3	4	6
4	9	2	6	1	5	7	8	3
7	6	3	8	9	2	5	1	4
1	8	5	4	7	3	6	2	9

Solution# 100

4	5	2	3	1	9	8	6	7
6	3	9	5	8	7	1	4	2
8	1	7	2	6	4	9	3	5
7	4	3	6	9	2	5	1	8
1	9	6	4	5	8	7	2	3
2	8	5	1	7	3	6	9	4
9	6	4	7	2	5	3	8	1
3	7	8	9	4	1	2	5	6
5	2	1	8	3	6	4	7	9

Solution# 101

4	3	8	1	6	7	9	2	5
1	5	7	8	9	2	4	6	3
6	9	2	3	5	4	8	1	7
5	4	3	7	2	9	6	8	1
2	8	6	5	1	3	7	4	9
9	7	1	6	4	8	3	5	2
3	1	5	9	8	6	2	7	4
8	2	9	4	7	5	1	3	6
7	6	4	2	3	1	5	9	8

Solution# 102

1	9	4	5	6	2	8	7	3
5	8	2	7	1	3	6	4	9
6	7	3	9	4	8	5	1	2
9	3	8	1	7	5	4	2	6
4	5	7	2	9	6	3	8	1
2	6	1	3	8	4	9	5	7
3	1	5	8	2	9	7	6	4
8	2	6	4	3	7	1	9	5
7	4	9	6	5	1	2	3	8

Solution# 103

8	3	5	4	7	6	2	9	1
1	2	6	9	5	3	7	4	8
7	9	4	2	8	1	5	3	6
3	4	9	5	2	8	1	6	7
5	7	8	1	6	4	9	2	3
2	6	1	7	3	9	8	5	4
9	8	2	3	4	7	6	1	5
6	1	3	8	9	5	4	7	2
4	5	7	6	1	2	3	8	9

Solution# 104

3	7	4	1	8	9	6	2	5
5	6	9	4	3	2	1	8	7
1	2	8	5	6	7	9	3	4
2	3	5	7	9	4	8	1	6
8	9	6	3	1	5	7	4	2
4	1	7	8	2	6	3	5	9
6	5	3	9	4	1	2	7	8
9	4	1	2	7	8	5	6	3
7	8	2	6	5	3	4	9	1

Solution# 105

3	2	4	1	5	6	8	7	9
8	9	1	2	7	3	5	6	4
5	6	7	4	9	8	2	3	1
7	8	3	9	1	4	6	5	2
9	4	2	3	6	5	1	8	7
6	1	5	8	2	7	9	4	3
1	5	8	7	4	2	3	9	6
2	7	6	5	3	9	4	1	8
4	3	9	6	8	1	7	2	5

Solution# 106

7	4	2	9	8	3	1	6	5
5	8	1	2	7	6	9	4	3
3	9	6	4	1	5	7	2	8
8	1	3	6	2	7	5	9	4
2	6	7	5	4	9	8	3	1
4	5	9	1	3	8	2	7	6
1	2	5	7	6	4	3	8	9
6	7	8	3	9	1	4	5	2
9	3	4	8	5	2	6	1	7

Solution# 107

9	6	4	5	1	7	3	2	8
3	2	8	4	9	6	7	1	5
7	5	1	2	8	3	9	4	6
4	9	2	1	5	8	6	7	3
6	1	7	9	3	2	8	5	4
8	3	5	7	6	4	1	9	2
2	7	6	3	4	1	5	8	9
5	4	3	8	7	9	2	6	1
1	8	9	6	2	5	4	3	7

Solution# 108

8	1	3	4	9	2	5	7	6
2	6	7	1	8	5	3	4	9
9	5	4	3	6	7	2	1	8
7	4	5	2	1	8	9	6	3
1	9	2	6	7	3	8	5	4
6	3	8	5	4	9	1	2	7
4	8	6	9	5	1	7	3	2
3	7	1	8	2	4	6	9	5
5	2	9	7	3	6	4	8	1

Solution# 109

9	7	2	4	6	5	3	1	8
1	5	6	2	8	3	7	4	9
8	3	4	9	7	1	6	2	5
2	1	9	7	4	8	5	6	3
3	4	5	1	9	6	2	8	7
7	6	8	3	5	2	1	9	4
4	9	3	6	2	7	8	5	1
6	8	7	5	1	4	9	3	2
5	2	1	8	3	9	4	7	6

Solution# 110

7	6	9	4	2	3	1	5	8
1	4	2	6	5	8	7	3	9
5	8	3	1	9	7	6	2	4
2	5	1	3	4	9	8	7	6
6	9	7	2	8	5	3	4	1
4	3	8	7	6	1	2	9	5
3	1	5	9	7	6	4	8	2
9	2	6	8	3	4	5	1	7
8	7	4	5	1	2	9	6	3

Solution# 111

3	1	4	8	6	5	2	9	7
5	2	6	3	7	9	1	8	4
7	9	8	2	1	4	3	5	6
4	6	7	5	3	2	8	1	9
8	5	2	4	9	1	6	7	3
9	3	1	7	8	6	4	2	5
2	8	5	9	4	3	7	6	1
1	4	9	6	2	7	5	3	8
6	7	3	1	5	8	9	4	2

Solution# 112

1	3	8	2	5	7	9	6	4
9	4	5	1	3	6	7	2	8
7	2	6	4	9	8	3	5	1
2	5	1	6	7	4	8	9	3
3	9	7	8	2	5	4	1	6
6	8	4	3	1	9	5	7	2
8	6	9	7	4	1	2	3	5
4	7	3	5	6	2	1	8	9
5	1	2	9	8	3	6	4	7

Solution# 113

5	4	2	6	3	8	1	7	9
3	8	7	1	9	5	6	2	4
1	9	6	4	2	7	8	3	5
2	1	9	8	5	4	7	6	3
8	6	4	7	1	3	9	5	2
7	5	3	2	6	9	4	1	8
4	7	1	3	8	2	5	9	6
6	2	5	9	4	1	3	8	7
9	3	8	5	7	6	2	4	1

Solution# 114

2	5	1	7	3	8	6	9	4
3	8	9	1	4	6	5	2	7
7	6	4	5	2	9	3	1	8
4	3	6	2	8	1	7	5	9
5	9	2	3	6	7	4	8	1
1	7	8	9	5	4	2	3	6
8	1	3	4	7	2	9	6	5
9	2	7	6	1	5	8	4	3
6	4	5	8	9	3	1	7	2

Solution# 115

2	9	4	5	6	8	7	1	3
8	5	1	4	7	3	2	6	9
6	7	3	1	9	2	4	8	5
7	1	5	8	3	9	6	4	2
4	2	9	6	5	7	1	3	8
3	6	8	2	1	4	9	5	7
1	8	2	7	4	5	3	9	6
9	4	7	3	8	6	5	2	1
5	3	6	9	2	1	8	7	4

Solution# 116

8	5	2	1	9	4	3	7	6
3	9	7	2	8	6	4	1	5
1	6	4	3	5	7	2	8	9
7	2	6	8	4	9	5	3	1
4	8	3	6	1	5	9	2	7
9	1	5	7	3	2	8	6	4
5	7	8	9	2	1	6	4	3
6	3	9	4	7	8	1	5	2
2	4	1	5	6	3	7	9	8

Solution# 117

4	3	9	8	6	2	1	7	5
2	1	6	9	5	7	8	4	3
7	5	8	3	4	1	2	9	6
5	4	7	1	2	6	3	8	9
8	6	1	4	9	3	7	5	2
9	2	3	7	8	5	4	6	1
1	8	5	6	3	4	9	2	7
6	7	4	2	1	9	5	3	8
3	9	2	5	7	8	6	1	4

Solution# 118

9	1	8	5	7	3	4	2	6
2	7	3	4	8	6	9	5	1
5	6	4	2	1	9	8	7	3
7	9	6	1	4	2	3	8	5
1	4	5	3	6	8	7	9	2
3	8	2	9	5	7	1	6	4
4	2	9	7	3	5	6	1	8
8	5	1	6	9	4	2	3	7
6	3	7	8	2	1	5	4	9

Solution# 119

3	4	1	2	6	8	5	7	9
5	8	9	4	7	3	6	1	2
6	7	2	5	1	9	4	3	8
2	1	4	6	9	5	3	8	7
9	6	3	7	8	1	2	5	4
7	5	8	3	2	4	1	9	6
1	3	7	8	4	2	9	6	5
4	9	6	1	5	7	8	2	3
8	2	5	9	3	6	7	4	1

Solution# 120

1	8	2	5	9	3	7	6	4
7	4	5	2	8	6	3	9	1
6	9	3	7	4	1	8	2	5
4	5	1	3	2	7	9	8	6
9	2	8	4	6	5	1	3	7
3	7	6	9	1	8	5	4	2
8	6	4	1	7	9	2	5	3
2	3	7	8	5	4	6	1	9
5	1	9	6	3	2	4	7	8

Solution# 121

1	6	4	2	3	8	5	7	9
2	3	7	9	4	5	1	6	8
9	5	8	1	6	7	3	2	4
3	1	6	8	7	2	9	4	5
7	9	5	3	1	4	6	8	2
4	8	2	6	5	9	7	1	3
6	7	9	4	8	3	2	5	1
8	2	1	5	9	6	4	3	7
5	4	3	7	2	1	8	9	6

Solution# 122

8	3	5	2	1	9	7	6	4
9	2	7	6	3	4	1	5	8
6	1	4	7	5	8	3	9	2
3	5	6	4	8	2	9	1	7
2	7	8	3	9	1	6	4	5
4	9	1	5	6	7	8	2	3
1	4	9	8	7	5	2	3	6
7	6	2	9	4	3	5	8	1
5	8	3	1	2	6	4	7	9

Solution# 123

9	6	4	8	3	5	2	7	1
5	3	1	7	2	4	6	9	8
7	8	2	6	1	9	5	3	4
8	4	3	5	7	6	1	2	9
2	1	7	4	9	3	8	6	5
6	9	5	1	8	2	7	4	3
3	7	8	9	6	1	4	5	2
1	5	9	2	4	7	3	8	6
4	2	6	3	5	8	9	1	7

Solution# 124

1	9	8	5	6	3	2	4	7
3	2	5	7	9	4	6	1	8
6	4	7	2	8	1	3	5	9
4	7	2	6	1	5	8	9	3
9	1	3	8	7	2	5	6	4
8	5	6	3	4	9	7	2	1
5	3	9	4	2	8	1	7	6
2	6	1	9	3	7	4	8	5
7	8	4	1	5	6	9	3	2

Solution# 125

5	8	7	2	9	3	1	4	6
4	1	6	8	5	7	3	2	9
2	3	9	6	1	4	5	8	7
1	2	4	5	8	6	7	9	3
7	6	3	4	2	9	8	1	5
8	9	5	7	3	1	4	6	2
9	4	1	3	6	5	2	7	8
3	7	8	9	4	2	6	5	1
6	5	2	1	7	8	9	3	4

Solution# 126

1	7	8	3	5	6	4	2	9
9	2	4	7	8	1	6	3	5
3	6	5	4	2	9	8	1	7
7	1	9	8	3	2	5	4	6
8	5	3	9	6	4	2	7	1
6	4	2	5	1	7	3	9	8
5	8	7	1	4	3	9	6	2
2	3	1	6	9	8	7	5	4
4	9	6	2	7	5	1	8	3

Solution# 127

7	1	6	2	9	3	5	8	4
3	5	9	4	6	8	1	7	2
8	2	4	1	7	5	6	3	9
9	6	1	3	4	2	8	5	7
2	7	5	9	8	1	4	6	3
4	8	3	7	5	6	9	2	1
1	9	8	6	2	7	3	4	5
5	4	2	8	3	9	7	1	6
6	3	7	5	1	4	2	9	8

Solution# 128

9	6	2	5	3	1	4	7	8
3	4	1	6	7	8	5	9	2
5	8	7	2	9	4	6	1	3
2	7	3	1	4	9	8	6	5
8	9	4	3	6	5	7	2	1
6	1	5	8	2	7	9	3	4
1	5	9	7	8	2	3	4	6
4	3	8	9	1	6	2	5	7
7	2	6	4	5	3	1	8	9

Solution# 129

8	5	7	3	6	4	2	1	9
9	1	4	5	2	7	3	8	6
6	2	3	1	8	9	5	7	4
1	9	5	6	4	3	8	2	7
3	8	2	9	7	1	4	6	5
4	7	6	8	5	2	9	3	1
2	3	9	7	1	5	6	4	8
5	6	1	4	3	8	7	9	2
7	4	8	2	9	6	1	5	3

Solution# 130

3	9	5	6	4	2	1	7	8
2	1	7	3	8	9	6	4	5
8	4	6	1	5	7	9	3	2
9	5	3	7	2	6	8	1	4
7	8	4	5	1	3	2	9	6
1	6	2	4	9	8	3	5	7
6	3	1	8	7	5	4	2	9
4	7	9	2	6	1	5	8	3
5	2	8	9	3	4	7	6	1

Solution# 131

9	6	2	1	5	7	4	8	3
3	8	1	6	2	4	9	5	7
7	5	4	8	3	9	6	1	2
5	3	7	2	9	1	8	6	4
2	1	6	7	4	8	3	9	5
8	4	9	5	6	3	7	2	1
1	7	5	3	8	6	2	4	9
6	9	3	4	1	2	5	7	8
4	2	8	9	7	5	1	3	6

Solution# 132

3	1	2	9	6	8	7	5	4
5	7	4	3	1	2	6	8	9
9	8	6	7	4	5	3	2	1
2	5	8	4	9	7	1	6	3
4	3	7	6	2	1	5	9	8
6	9	1	8	5	3	2	4	7
7	4	5	1	8	6	9	3	2
8	6	3	2	7	9	4	1	5
1	2	9	5	3	4	8	7	6

Solution# 133

8	5	9	2	7	3	1	4	6
2	1	3	6	5	4	7	8	9
6	7	4	1	8	9	5	3	2
9	2	5	7	4	1	8	6	3
1	4	6	5	3	8	9	2	7
7	3	8	9	6	2	4	1	5
3	8	2	4	9	7	6	5	1
4	6	7	3	1	5	2	9	8
5	9	1	8	2	6	3	7	4

Solution# 134

2	5	1	8	4	3	6	7	9
4	8	9	6	5	7	2	1	3
7	6	3	2	9	1	4	5	8
5	1	2	7	6	8	3	9	4
9	4	8	3	2	5	7	6	1
3	7	6	9	1	4	8	2	5
8	9	7	1	3	6	5	4	2
6	2	4	5	8	9	1	3	7
1	3	5	4	7	2	9	8	6

Solution# 135

5	6	4	3	2	1	9	7	8
2	9	3	4	7	8	5	6	1
7	8	1	6	9	5	3	4	2
4	7	2	1	5	3	6	8	9
3	1	8	7	6	9	4	2	5
6	5	9	8	4	2	1	3	7
8	3	5	2	1	4	7	9	6
9	4	7	5	8	6	2	1	3
1	2	6	9	3	7	8	5	4

Solution# 136

4	2	3	7	6	1	9	5	8
1	5	7	8	3	9	4	2	6
6	9	8	2	5	4	3	1	7
9	7	2	1	8	3	5	6	4
5	6	4	9	2	7	1	8	3
8	3	1	6	4	5	2	7	9
2	8	9	4	1	6	7	3	5
3	4	6	5	7	2	8	9	1
7	1	5	3	9	8	6	4	2

Solution# 137

5	9	3	4	2	7	6	1	8
7	8	1	3	6	5	9	2	4
4	6	2	1	9	8	5	7	3
2	3	4	9	7	1	8	6	5
9	5	7	6	8	2	4	3	1
8	1	6	5	3	4	7	9	2
6	4	9	2	5	3	1	8	7
3	7	5	8	1	6	2	4	9
1	2	8	7	4	9	3	5	6

Solution# 138

2	4	9	1	3	6	7	5	8
7	5	6	9	4	8	1	2	3
3	8	1	7	2	5	9	4	6
8	3	7	5	9	1	4	6	2
4	6	2	8	7	3	5	1	9
9	1	5	2	6	4	3	8	7
6	2	4	3	5	7	8	9	1
1	9	3	4	8	2	6	7	5
5	7	8	6	1	9	2	3	4

Solution# 139

6	9	2	1	4	7	3	8	5
5	8	3	6	2	9	4	1	7
4	1	7	5	8	3	2	6	9
7	2	4	8	1	6	5	9	3
8	6	5	3	9	4	7	2	1
9	3	1	2	7	5	8	4	6
2	4	6	7	5	1	9	3	8
3	5	9	4	6	8	1	7	2
1	7	8	9	3	2	6	5	4

Solution# 140

3	5	8	2	9	7	6	4	1
1	4	7	6	5	8	2	9	3
2	9	6	3	4	1	8	5	7
5	7	1	8	2	4	9	3	6
9	6	3	1	7	5	4	8	2
8	2	4	9	6	3	1	7	5
6	1	5	4	3	9	7	2	8
7	8	9	5	1	2	3	6	4
4	3	2	7	8	6	5	1	9

Solution# 141

9	5	3	6	4	1	7	8	2
2	7	4	3	8	9	6	5	1
8	6	1	7	5	2	3	9	4
4	3	7	5	1	8	9	2	6
1	2	8	4	9	6	5	3	7
5	9	6	2	3	7	4	1	8
6	1	5	8	7	3	2	4	9
7	4	9	1	2	5	8	6	3
3	8	2	9	6	4	1	7	5

Solution# 142

9	1	5	2	3	7	8	6	4
8	2	7	6	4	1	3	5	9
6	4	3	8	9	5	2	7	1
2	5	9	3	8	6	4	1	7
7	8	6	9	1	4	5	2	3
4	3	1	5	7	2	6	9	8
1	6	8	4	2	9	7	3	5
5	7	4	1	6	3	9	8	2
3	9	2	7	5	8	1	4	6

Solution# 143

3	9	4	5	1	2	7	8	6
6	7	5	4	8	3	1	2	9
2	8	1	7	6	9	3	4	5
5	2	8	3	9	1	4	6	7
4	6	3	2	7	5	9	1	8
7	1	9	6	4	8	5	3	2
1	5	2	8	3	7	6	9	4
8	3	6	9	5	4	2	7	1
9	4	7	1	2	6	8	5	3

Solution# 144

3	2	5	4	8	7	6	9	1
8	6	4	3	9	1	5	7	2
7	1	9	2	6	5	3	4	8
6	4	2	1	5	9	8	3	7
5	7	1	8	2	3	9	6	4
9	8	3	6	7	4	2	1	5
4	5	6	7	3	8	1	2	9
1	3	8	9	4	2	7	5	6
2	9	7	5	1	6	4	8	3

Solution# 145

4	1	6	7	9	2	5	3	8
3	5	7	6	8	4	1	9	2
8	2	9	1	3	5	7	6	4
5	3	2	9	7	1	8	4	6
6	4	8	5	2	3	9	1	7
9	7	1	4	6	8	2	5	3
7	6	5	2	4	9	3	8	1
1	8	4	3	5	7	6	2	9
2	9	3	8	1	6	4	7	5

Solution# 146

1	5	2	9	6	8	3	4	7
9	4	8	1	7	3	5	6	2
6	3	7	4	2	5	8	9	1
5	8	6	3	1	7	4	2	9
4	2	9	8	5	6	7	1	3
7	1	3	2	9	4	6	8	5
3	9	4	5	8	2	1	7	6
8	7	1	6	3	9	2	5	4
2	6	5	7	4	1	9	3	8

Solution# 147

2	3	7	4	9	1	8	6	5
1	6	8	5	7	3	4	9	2
4	5	9	8	2	6	3	7	1
8	1	4	9	6	5	7	2	3
5	9	3	2	4	7	1	8	6
6	7	2	1	3	8	5	4	9
3	2	5	7	8	9	6	1	4
7	4	6	3	1	2	9	5	8
9	8	1	6	5	4	2	3	7

Solution# 148

3	9	6	2	4	1	8	7	5
1	4	2	8	7	5	3	6	9
8	5	7	3	9	6	2	4	1
2	8	5	6	1	9	7	3	4
9	3	1	7	8	4	6	5	2
6	7	4	5	3	2	9	1	8
7	1	3	9	5	8	4	2	6
5	6	8	4	2	7	1	9	3
4	2	9	1	6	3	5	8	7

Solution# 149

6	7	1	8	5	2	4	9	3
3	8	2	7	4	9	6	1	5
5	9	4	3	6	1	7	2	8
7	1	5	9	8	6	3	4	2
8	2	6	4	1	3	9	5	7
4	3	9	2	7	5	8	6	1
9	5	7	1	3	4	2	8	6
2	6	3	5	9	8	1	7	4
1	4	8	6	2	7	5	3	9

Solution# 150

9	2	8	3	4	1	6	5	7
4	3	7	2	6	5	9	1	8
6	5	1	8	7	9	3	4	2
1	9	6	5	2	7	4	8	3
3	4	2	1	9	8	5	7	6
8	7	5	6	3	4	1	2	9
2	1	4	9	8	6	7	3	5
5	6	3	7	1	2	8	9	4
7	8	9	4	5	3	2	6	1

Solution# 151

9	7	3	4	5	1	6	2	8
2	8	4	6	7	9	1	5	3
1	5	6	3	2	8	9	4	7
5	6	9	2	3	7	4	8	1
4	1	2	5	8	6	3	7	9
8	3	7	1	9	4	2	6	5
6	2	5	8	1	3	7	9	4
3	9	8	7	4	2	5	1	6
7	4	1	9	6	5	8	3	2

Solution# 152

8	6	4	5	1	7	9	2	3
9	1	3	8	4	2	6	7	5
2	5	7	6	3	9	4	1	8
4	8	2	3	6	1	7	5	9
6	3	5	7	9	4	1	8	2
7	9	1	2	5	8	3	4	6
1	7	8	9	2	3	5	6	4
5	2	9	4	7	6	8	3	1
3	4	6	1	8	5	2	9	7

Solution# 153

9	8	7	1	6	5	2	4	3
5	1	3	2	4	7	8	6	9
4	2	6	8	3	9	1	7	5
3	5	9	7	1	6	4	8	2
2	4	1	3	5	8	7	9	6
6	7	8	4	9	2	5	3	1
8	9	5	6	2	4	3	1	7
1	6	4	5	7	3	9	2	8
7	3	2	9	8	1	6	5	4

Solution# 154

1	7	9	8	6	5	4	3	2
6	8	2	7	3	4	5	1	9
5	3	4	2	1	9	8	6	7
7	2	8	9	5	6	3	4	1
4	5	1	3	2	7	6	9	8
3	9	6	4	8	1	7	2	5
2	4	7	6	9	8	1	5	3
9	6	5	1	7	3	2	8	4
8	1	3	5	4	2	9	7	6

Solution# 155

8	6	9	7	3	1	4	5	2
1	7	5	2	6	4	8	3	9
4	3	2	5	8	9	7	1	6
7	2	6	4	1	5	9	8	3
9	5	4	3	2	8	1	6	7
3	1	8	6	9	7	5	2	4
6	9	7	1	5	3	2	4	8
2	8	1	9	4	6	3	7	5
5	4	3	8	7	2	6	9	1

Solution# 156

6	9	3	2	5	4	7	1	8
1	5	4	7	8	3	2	9	6
8	7	2	6	9	1	5	4	3
3	4	8	9	6	7	1	2	5
7	1	9	5	3	2	6	8	4
2	6	5	4	1	8	3	7	9
5	2	7	8	4	6	9	3	1
4	3	6	1	7	9	8	5	2
9	8	1	3	2	5	4	6	7

Solution# 157

1	6	7	2	8	5	4	3	9
9	3	8	4	6	1	5	7	2
2	4	5	7	3	9	1	6	8
8	7	6	5	4	2	3	9	1
3	1	4	6	9	7	8	2	5
5	2	9	3	1	8	6	4	7
6	5	1	9	2	4	7	8	3
4	8	2	1	7	3	9	5	6
7	9	3	8	5	6	2	1	4

Solution# 158

2	8	4	1	3	6	7	5	9
9	1	5	2	7	8	3	6	4
6	3	7	5	9	4	1	2	8
3	9	8	7	4	5	6	1	2
1	5	2	3	6	9	8	4	7
4	7	6	8	1	2	5	9	3
8	6	9	4	5	3	2	7	1
7	4	3	6	2	1	9	8	5
5	2	1	9	8	7	4	3	6

Solution# 159

8	1	7	2	6	3	4	5	9
3	9	4	1	5	7	8	6	2
5	6	2	4	9	8	3	1	7
1	5	8	3	7	6	9	2	4
4	3	9	5	8	2	6	7	1
2	7	6	9	4	1	5	3	8
9	4	1	6	2	5	7	8	3
7	2	5	8	3	4	1	9	6
6	8	3	7	1	9	2	4	5

Solution# 160

7	5	1	4	9	2	8	3	6
3	4	9	6	1	8	5	2	7
6	8	2	5	3	7	1	4	9
4	3	5	8	6	1	7	9	2
1	2	8	3	7	9	6	5	4
9	6	7	2	5	4	3	8	1
8	7	6	9	4	3	2	1	5
2	1	4	7	8	5	9	6	3
5	9	3	1	2	6	4	7	8

Solution# 161

9	6	7	3	2	8	4	1	5
3	2	5	4	6	1	9	8	7
4	1	8	5	7	9	2	6	3
5	4	6	9	1	2	3	7	8
8	7	2	6	5	3	1	9	4
1	3	9	7	8	4	6	5	2
6	8	4	1	3	7	5	2	9
2	9	1	8	4	5	7	3	6
7	5	3	2	9	6	8	4	1

Solution# 162

2	7	8	9	6	1	3	4	5
9	4	1	5	3	7	2	8	6
3	6	5	8	2	4	9	7	1
7	2	6	3	1	8	5	9	4
4	8	3	6	9	5	7	1	2
1	5	9	4	7	2	6	3	8
5	1	7	2	4	3	8	6	9
6	3	2	1	8	9	4	5	7
8	9	4	7	5	6	1	2	3

Solution# 163

6	5	3	2	8	1	4	7	9
4	2	1	5	7	9	8	6	3
8	9	7	4	6	3	5	2	1
2	4	6	3	5	7	9	1	8
7	3	8	1	9	2	6	4	5
9	1	5	6	4	8	2	3	7
5	8	4	7	3	6	1	9	2
1	7	9	8	2	4	3	5	6
3	6	2	9	1	5	7	8	4

Solution# 164

8	6	5	1	4	2	3	7	9
7	4	3	6	8	9	5	1	2
2	1	9	7	3	5	4	6	8
1	3	2	5	6	8	7	9	4
5	8	6	9	7	4	1	2	3
4	9	7	2	1	3	8	5	6
3	2	1	4	5	6	9	8	7
6	5	8	3	9	7	2	4	1
9	7	4	8	2	1	6	3	5

Solution# 165

2	9	7	8	1	3	4	5	6
3	6	5	2	9	4	1	8	7
4	1	8	7	5	6	3	2	9
8	5	1	4	3	9	6	7	2
6	7	2	5	8	1	9	4	3
9	3	4	6	7	2	8	1	5
5	8	6	3	4	7	2	9	1
7	2	9	1	6	8	5	3	4
1	4	3	9	2	5	7	6	8

Solution# 166

9	3	7	5	6	4	8	1	2
2	4	5	7	1	8	6	9	3
6	8	1	2	3	9	4	5	7
1	2	4	9	7	6	5	3	8
3	5	8	4	2	1	9	7	6
7	6	9	3	8	5	1	2	4
4	7	6	1	9	3	2	8	5
8	1	3	6	5	2	7	4	9
5	9	2	8	4	7	3	6	1

Solution# 167

2	1	5	6	7	4	9	8	3
8	3	6	2	1	9	4	7	5
9	4	7	5	8	3	6	1	2
5	2	8	9	3	7	1	4	6
7	9	1	4	5	6	3	2	8
4	6	3	8	2	1	7	5	9
3	5	4	7	6	2	8	9	1
1	8	9	3	4	5	2	6	7
6	7	2	1	9	8	5	3	4

Solution# 168

4	7	5	3	8	2	9	6	1
3	6	8	5	1	9	4	2	7
9	1	2	4	7	6	3	8	5
2	9	6	7	3	4	5	1	8
5	4	7	8	2	1	6	3	9
8	3	1	9	6	5	7	4	2
1	2	9	6	5	3	8	7	4
6	8	4	2	9	7	1	5	3
7	5	3	1	4	8	2	9	6

Solution# 169

4	8	5	9	7	6	1	2	3
1	2	7	3	8	5	4	6	9
3	9	6	2	4	1	8	7	5
2	3	1	6	9	8	7	5	4
5	4	9	7	2	3	6	8	1
7	6	8	1	5	4	9	3	2
9	7	4	8	3	2	5	1	6
6	5	2	4	1	7	3	9	8
8	1	3	5	6	9	2	4	7

Solution# 170

4	2	5	8	9	7	1	6	3
7	3	8	2	1	6	5	4	9
1	9	6	5	4	3	2	8	7
3	4	2	6	5	1	7	9	8
5	1	7	3	8	9	6	2	4
6	8	9	4	7	2	3	5	1
8	6	4	1	3	5	9	7	2
2	7	1	9	6	8	4	3	5
9	5	3	7	2	4	8	1	6

Solution# 171

1	5	8	7	6	3	2	9	4
7	4	6	2	5	9	1	8	3
9	3	2	1	8	4	7	5	6
8	9	3	5	4	1	6	2	7
4	6	5	9	2	7	8	3	1
2	1	7	8	3	6	5	4	9
5	7	1	3	9	8	4	6	2
6	8	9	4	7	2	3	1	5
3	2	4	6	1	5	9	7	8

Solution# 172

9	5	4	7	1	2	8	3	6
1	3	2	4	6	8	5	7	9
6	7	8	9	3	5	4	2	1
5	4	6	8	9	3	7	1	2
7	2	1	5	4	6	3	9	8
8	9	3	2	7	1	6	4	5
2	6	7	3	5	9	1	8	4
3	1	9	6	8	4	2	5	7
4	8	5	1	2	7	9	6	3

Solution# 173

3	5	7	9	4	6	1	2	8
1	6	2	8	5	3	4	9	7
8	9	4	7	1	2	5	3	6
4	1	3	2	7	8	9	6	5
5	2	8	1	6	9	7	4	3
6	7	9	4	3	5	2	8	1
2	3	5	6	9	1	8	7	4
9	4	6	5	8	7	3	1	2
7	8	1	3	2	4	6	5	9

Solution# 174

9	6	4	1	5	2	3	8	7
1	3	8	9	6	7	4	2	5
2	7	5	8	4	3	9	6	1
3	5	9	6	1	8	2	7	4
7	1	6	2	3	4	5	9	8
8	4	2	5	7	9	1	3	6
4	9	7	3	8	5	6	1	2
6	8	3	4	2	1	7	5	9
5	2	1	7	9	6	8	4	3

Solution# 175

2	1	8	3	9	4	6	5	7
4	9	7	6	5	2	8	1	3
6	5	3	1	7	8	2	4	9
9	2	6	4	1	5	7	3	8
1	8	4	9	3	7	5	2	6
7	3	5	8	2	6	4	9	1
5	4	9	7	8	3	1	6	2
8	6	1	2	4	9	3	7	5
3	7	2	5	6	1	9	8	4

Solution# 176

7	6	1	9	8	3	4	2	5
5	3	2	4	6	1	8	9	7
4	8	9	7	2	5	6	1	3
1	2	4	6	7	9	3	5	8
3	9	6	8	5	4	2	7	1
8	5	7	3	1	2	9	6	4
9	4	5	1	3	6	7	8	2
6	1	8	2	4	7	5	3	9
2	7	3	5	9	8	1	4	6

Solution# 177

4	3	8	9	2	1	5	6	7
5	2	9	6	3	7	1	4	8
6	7	1	5	4	8	9	3	2
3	6	4	1	9	2	8	7	5
1	5	7	4	8	3	2	9	6
8	9	2	7	5	6	3	1	4
9	1	6	8	7	5	4	2	3
7	8	3	2	1	4	6	5	9
2	4	5	3	6	9	7	8	1

Solution# 178

6	4	7	8	5	9	2	3	1
9	1	8	3	2	4	5	6	7
5	2	3	6	7	1	4	9	8
8	5	1	2	9	6	7	4	3
4	7	6	1	3	5	8	2	9
2	3	9	7	4	8	6	1	5
1	6	5	4	8	3	9	7	2
3	8	2	9	6	7	1	5	4
7	9	4	5	1	2	3	8	6

Solution# 179

3	5	4	2	1	6	9	8	7
1	7	9	5	3	8	4	2	6
8	6	2	4	7	9	3	1	5
4	1	8	9	5	3	6	7	2
9	3	6	8	2	7	1	5	4
5	2	7	6	4	1	8	3	9
7	8	5	3	6	4	2	9	1
2	4	3	1	9	5	7	6	8
6	9	1	7	8	2	5	4	3

Solution# 180

7	3	6	9	5	4	1	8	2
9	5	2	3	8	1	7	4	6
1	4	8	6	2	7	3	5	9
2	6	1	5	3	8	4	9	7
5	8	4	7	9	2	6	1	3
3	7	9	1	4	6	5	2	8
8	1	7	4	6	9	2	3	5
4	9	3	2	7	5	8	6	1
6	2	5	8	1	3	9	7	4